本 书 编 委 会

主 编

韩丽莉 王月宾

副主编

李延明 朱冬青 谭天鹰

编 委

揭 俊 陈伟忠 王仕豪 马丽亚 杜伟宁 单 进 马路遥 刘婷婷 李泽卿
任斌斌 王月容 苏 艺 曹晓蕾 张 楚 舒建骅 王英宇 李义强 张 勇
尚华胜 柯思征 韩铁军 张先哲 芦育梅 徐 莎 王志勇 刘永光 赵克贤
韦 一 谭一凡 李 莉 郑占峰 艾丽皎 梁中贵 王 洋 郑泽新 张 哲

摄 影

黄亦工 张小丁 王仕豪 等

编写单位

北京市园林科学研究院

中国建筑防水协会种植屋面分会

北京屋顶绿化协会

特别致谢

本书部分内容由北京市科学技术委员会重大项目课题“北京通州区生态绿化城市建设关键技术集成研究”（编号：D171100001817001）提供技术支持

前　言

在我国城市化建设进程飞速发展的今天，城市建设用地与绿化用地之间的矛盾日益突出，城市绿化用地不足，城市生态环境亟待治理和改善。

随着中国共产党十九大的顺利召开，习总书记在报告中也明确提出：坚持人与自然和谐共生。建设生态文明是中华民族永续发展的千年大计。必须树立和践行绿水青山就是金山银山的理念，坚持节约资源和保护环境的基本国策，实行最严格的生态环境保护制度，形成绿色发展方式和生活方式，坚定走生产发展、生活富裕、生态良好的文明发展道路，建设美丽中国，为人民创造良好生产生活环境，为全球生态安全作出贡献。

种植屋面在我国的兴起和发展正是契合了十九大以来国家在美丽中国建设、生态文明建设、城市生态环境保护方面的发展理念和未来方向，在海绵城市建设和城市“双修”工作中都有重要的站位，因此也愈来愈受到政府部门的重视和广大人民群众的关注和喜爱，是城市建设当中真正绿色的、可呼吸的、有生命力的基础设施之一。

种植屋面（也叫做屋顶绿化）作为城市常规绿化的重要补充，是利用建筑第五立面，拓展城市绿色空间的重要绿化形式，可有效缓解城市建设用地与绿化用地之间的矛盾，提高城市绿化覆盖率，提高环境舒适度和绿视率，缓解城市热岛效应，进而拓展并形成城市广阔的空中景观，为市民提供更多更好的休憩活动空间。

本书有别于以往种植屋面相关书籍中或陈述说教、或图片简介的写作方式，试图通过问题解答这种作者与读者更直观、更灵活、更快捷、更实效的互动方式，集中将近些年来我国种植屋面从业者在工程实践中存在的困惑、困扰和困难的问题做出尽可能详细的疏理和解答，更有效地帮助种植屋面从业者了解和掌握本领域相关知识与动态。因此，本书写作之初便大胆采取了网络征集方式，收集到了全国各地相关从业者提出的关于种植屋面的概念、政策、设计、施工、监理、验收、养护管理、检测技术等方

面的“鲜活”问题350余道，后经筛选合并，共计产生了具有典型性、迫切性的问题281道，并将主要问题归类为基础知识类、设计类、施工类、养护管理类、工程质量监理与验收类、工程造价类与试验检测类等七部分，根据以往种植屋面工程实践所得出的经验和教训，毫无保留地、深入浅出地对每一个问题“对症下药”，进行科学严谨认真的解答。

本书的编写目的是通过问题的解答，总结国内种植屋面实践经验，为国内正在蓬勃发展的种植屋面工程提供安全、可靠的核心技术，以提升国内种植屋面工程的整体水平与质量。同时，出版本书也是为了进一步推动国内种植屋面工程领域在新理念、新技术、新材料、新工艺方面的创新发展，与行业中人共同研讨共同提高，争取将我国种植屋面工程做到完美。

本书应用的屋顶绿化各项研究成果，大多源于2004—2006年由北京市科学技术委员会社会发展处资助立项，由北京市园林科学研究院承担的“屋顶绿化研究与示范”课题，在此，特别感谢郑俊先生长期以来对屋顶绿化研究的大力支持和热心关注!

本书应用了国内最新的种植屋面相关技术标准和最新的种植屋面施工工艺，可供种植屋面工程建设、设计、施工、监理、生产和科研等单位作为学习参考资料。

本书在编写过程中，还得到了国内种植屋面设计、施工、养护、材料生产等相关企事业单位和各界学者专家、技术人员的大力支持和帮助，在此一并表示深深的谢意!

因编著者水平有限，本书难免有不妥之处，敬请各位给予谅解和批评指正。

编著者

2018年3月12日

目 录

一 基础知识类 1

1 什么是种植屋面，与建筑绿化、地面绿化、立体绿化区别是什么？ 2
2 常见的种植屋面包括哪些类型，分别是什么？ 3
3 种植屋面的特殊性是什么？ 4
4 为什么国家提倡要做种植屋面？种植屋面能为建筑带来哪些好处？ 4
5 目前国内什么样的屋顶适合做种植屋面？ 6
6 种植屋面目前有哪些绿化形式，各有什么优势？ 6
7 种植屋面对建筑层高是否有要求？ 6
8 建筑的屋顶形式有哪些？ 7
9 什么是正置式屋面？它适合做种植屋面吗？ 7
10 什么是倒置式屋面？它适合做种植屋面吗？ 7
11 什么是上人屋面？什么是不上人屋面？ 8
12 当完成了上人屋面的种植屋面建设后，在上人安全方面，有什么具体的注意事项吗？ 8
13 种植屋面有哪些构造层次，各有什么作用？ 9
14 种植屋面在安全上具体有什么要求呢？ 10
15 屋顶防护安全主要有哪些，注意事项是什么？ 11
16 种植屋面在结构安全上应重视哪些问题？ 11
17 种植屋面在植物安全上应重视哪些问题？ 12
18 种植屋面对建筑基层都有些什么要求？ 13
19 种植屋面对建筑屋面坡度要求是什么？ 13

20 种植屋面的荷载是怎样设定的？ 13
21 为什么说种植屋面的结构荷载安全必须要考虑种植土类型及植物增重的影响？ 14
22 种植屋面结构承载力设计为什么设为强条，如何规定的？ 14
23 怎样确定种植屋面的荷载大小？ 15
24 上人屋面活荷载如何限定？种植屋面工程占用活荷载的百分比最高为多少？ 15
25 种植区的荷载如何处理？怎样进行荷载分配计算？ 16
26 园路的荷载如何确定？ 16
27 种植屋面局部荷载超重时如何处理，应注意什么？ 16
28 种植屋面防水等级要求是怎么规定的？ 17
29 什么是耐根穿刺防水层，特点是什么？ 17
30 为什么种植屋面要设置耐根穿刺防水层？它的重要性是什么？怎样选择材料？ 17
31 屋面防水层漏水原因是什么，如何处理呢？ 18
32 种植屋面的防水性能如何检查，有具体方法吗？ 19
33 种植屋面排（蓄）水材料如何选择？ 19
34 什么情况下种植屋面需要设置排水层，应该注意什么？ 20
35 种植屋面隔离过滤材料有什么实际作用？过滤层材料如何选择？ 21
36 种植屋面种植基质的特性是什么？ 22
37 种植屋面种植土的最小土深厚度是如何限定的，依据是什么？ 22
38 种植屋面如何满足种草和种树对于种植土厚度的不同要求呢？ 22
39 种植屋面栽植植物所能忍受的最薄土层是多少？ 23
40 什么是屋顶植被层？ 23
41 花园式种植屋面植物选择有什么限制？ 23
42 简单式种植屋面植物选择有什么限制？ 24
43 种植屋面设置园林小品有哪些注意事项？ 24
44 什么是屋顶种植池？它与容器种植有什么区别？ 24
45 什么是缓冲带？为什么要设置缓冲带？ 25
46 建筑物内部格局（梁柱分布）对于种植屋面设计的影响有那些？ 25
47 种植屋面是否需要设置灌溉系统？ 25
48 种植屋面是否需要设置照明系统，应该注意什么？ 26

49 种植屋面的安全和完成质量非常重要，需要从哪些环节、哪些关键点进行把控？ 27

50 种植屋面地势高耸，极易遭受雷击破坏，如何防治种植屋面植物的雷击伤害？ 28

51 种植屋面极易遭受暴雨暴雪的侵害，如何防治种植屋面的雨雪侵害？ 28

52 现在有很多学校都建造种植屋面，对学校来说种植屋面有什么意义？ 28

53 种植屋面推动的瓶颈是什么？ 29

二 设计类 31

54 简式种植屋面和花园式种植屋面的主要特征和适用范围有什么不同？ 32

55 简式种植屋面和花园式种植屋面有哪些设计形式？ 33

56 种植屋面的景观布局跟周围的环境有什么关系吗？ 34

57 都说种植屋面景观设计的核心是建筑安全，为什么这样说？ 35

58 设计阶段、施工阶段和运行阶段荷载应分别注意什么问题？ 35

59 种植屋面的铺装园路面积控制在多少合适？ 36

60 种植屋面有哪些构造层次？简式、花园式和地下室顶板设计构造层次有何区别？ 37

61 种植屋面的主要构造层分别都有什么作用？ 38

62 种植屋面绝热层材料应该怎样选用？ 38

63 种植屋面找坡层材料应怎样选用？ 39

64 种植屋面为什么要注重防水设计，有什么具体要求？ 39

65 JGJ 155—2013《种植屋面工程技术规程》中，对于普通防水层与耐根穿刺防水层是如何规定的，为何将其设为强制性条文？ 40

66 种植屋面耐根穿刺防水层材料应该怎样选用？ 41

67 种植屋面防水保护层采用哪些材料？ 41

68 如何在做种植屋面之前确认屋顶防水符合防水要求？防水应当达到什么标准？ 41

69 种植屋面的女儿墙立面和上层建筑的立面如何处理？ 42

70 排（蓄）水板在种植屋面中有何作用？ 42

71 如何做到种植屋面的排水系统保持通畅，种植土等杂质不被冲走而堵塞排水系统？ 43

72 种植屋面的排（蓄）水层在设计时应掌握哪些知识点？ 43

73 塑料排（蓄）水板和卵石、砾石排水层哪个更适用于种植屋面？ 44

74 种植屋面设计中经常会提到建筑屋面有内排水和外排水之分，两者的区别是什么？ 44

75 种植屋面排水系统细部设计应符合哪些规定？雨水观察井设计在铺装层上还是绿地内？ 45

76 过滤层的设计应注意哪些问题？设计过滤层时是不是越厚越好？ 46

77 种植屋面的种植土跟地面种植土有哪些区别？可以将地面种植土用在屋顶上吗？ 47

78 种植屋面用种植基质选择应注意什么？类型和材料配比有哪些？ 48

79 轻型种植基质易被风吹散，如何解决？ 49

80 种植屋面的种植土深在设计上应注意什么？种植基质的厚度多少合适？ 50

81 种植屋面的植物应该如何选择，依据是什么？ 50

82 种植屋面的种植设计应注意哪些问题？ 51

83 种植屋面与地面绿化的植物材料有什么不同？ 51

84 为什么种植屋面都建议种植比较低矮的植物呢？ 53

85 为什么屋顶的地被种植多采用景天科植物？ 53

86 常见用于种植屋面的景天科植物有哪些？ 54

87 当地的野生植物是否可以应用到种植屋面？ 54

88 屋顶菜园和普通屋顶花园有何区别？如果想在屋顶种植蔬菜，哪些类型比较适宜？ 55

89 新建建筑种植屋面设计一般包含哪些内容？ 56

90 种植屋面景观设计前需要准备和了解哪些内容？ 56

91 种植屋面设计图纸审核的注意事项？ 57

92 种植屋面的设计流程是怎样的？ 57

93 种植屋面施工图中竖向设计应注意哪些问题？ 59

94 种植屋面景观设计师的设计工作同普通地面园林景观设计师的工作有何不同之处？ 59

95 大型花灌木冠幅、高度、胸径要求与土球大小的比例关系如何测算？ 60

96 大型花灌木屋顶种植设计应注意什么？防风固定措施有哪些？ 60

97 大树在种植屋面中种植基质不够深的情况下如何固定？ 64

98 建筑挑檐部分是否能种植植物？ 64

99 屋顶是否可以做水景，在排水设计方面需要注意什么？ 66

100 种植屋面水景工程在荷载设计时应注意哪些问题？ 66

101 种植屋面水景设计应注意哪些问题？ 66

102 种植屋面如果设计了假山、置石、雕塑，应该如何布局？ 67

103 种植屋面铺装设计应注意哪些问题？ 68

104 目前哪些铺装材料或铺装形式适合低荷载的种植屋面设计？ 68

105 种植屋面铺装有屋顶支撑还要做基础层吗？铺装部分是否影响排水？ 69

106 什么方法能够有效减轻铺装的重量，而不影响铺装的使用和外观效果？ 69

107 木制铺装如何保证下层排水安全通畅呢？ 70

108 屋顶铺装的板材若不用水泥能固定住吗？ 70

109 混凝土作为园林施工中一种主要的基础材料，屋顶使用的混凝土与地面园林使用的混凝土有什么区别？ 71

110 屋顶铺装与绿地之间是否必须做封边？常用的绿地封边有哪些形式，各有哪些特点？ 71

111 种植屋面的水源和电源从哪里来？ 72

112 水电管线等设施宜铺设在种植屋面哪个结构层之上，需注意哪些问题？ 73

113 屋顶有时有建筑过梁或设备管线横穿屋顶，在设计中如何处理？ 73

114 种植屋面需要用照明设备吗？电缆设计应注意什么？ 73

115 种植屋面给水灌溉设计应注意哪些问题？ 74

116 种植屋面通过何种设计技术可达到截留雨水再利用？ 74

117 种植屋面能收集屋面雨水，如何在屋顶设置集水装置？ 75

118 种植屋面园林小品或附属设施设计有哪些注意事项？ 75

119 种植屋面花架、廊架、园亭设计应注意的事项有哪些？ 75

120 屋顶构架型小品的施工如何做基础，如何固定？ 76

121 种植屋面与屋顶的设备之间的关系如何处理？ 77

122 种植屋面有哪些较好的护根覆盖物？ 77

123 种植屋面中的微地形如何处理，应注意什么？ 78

124 如何处理屋顶因原有排水坡度造成的较大的高差？ 78

125 种植屋面的安全和完成质量非常重要，需要从哪些环节、哪些关键点进行把控？ 79

126 既有平屋面绿化改造设计包含哪些内容？植物配置应注意哪些问题？ 79

127 既有平屋面绿化改造避雷系统如何处理？ 80

128 容器式种植有什么优势，如何排水，需要耐根穿刺防水层吗？ 80

129 容器式种植在设计上应注意哪些技术要求？ 80

130 地下室顶板防水、保护层及排水设计应注意什么？ 81

131 地下室顶板的种植设计应注意什么？ 81

132 坡屋面种植基本结构层次有哪些？坡屋面防水设计应注意什么？ 82

133 坡屋面种植的防滑设计有哪些方法？ 82

134 坡屋面种植设计应注意什么，还需要排水设计和灌溉设计吗？ 84

135 不同性质和功能的建筑，种植屋面设计有什么不同？ 85

136 种植屋面在后期交付使用时，应注意哪些安全注意事项？ 85

137 现在有很多学校都建造屋顶花园，这对学校来说有什么意义？ 86

138 中小学校和幼儿园做种植屋面设计，应注意什么问题？ 86

139 幼儿园的种植屋面设计与中小学的种植屋面设计，在功能和设计尺度上又有何区别？ 87

140 为什么种植屋面要以植物造景为主，尽量少做铺装和园林小品？ 88

三 施工类 89

141 新建建筑种植屋面施工内容包含哪些，工序流程分哪些步骤？ 90

142 既有建筑种植屋面施工内容包含哪些，工序流程分哪些步骤？ 91

143 既有建筑种植屋面施工时可能出现的问题有哪些，如何妥善处理？ 92

144 种植屋面施工前施工单位要做哪些准备工作？ 92

145 种植屋面的施工组织设计和地面园林绿化的施工组织设计有何区别？ 93

146 种植屋面施工安全工作应该注意哪些方面？ 93

147 屋面找坡（平）层施工应注意哪些？ 94

148 种植屋面进行防水检验应注意什么？ 95

149 建筑原有屋面为广场砖或其他石材类铺装，施工时是否需要将原有面层剔除？ 95

150 种植屋面保温隔热层宜选用哪些材料，分别应注意什么？ 96

151 屋面找坡（平）层一般选用哪些材料？ 96

152 目前国内建筑防水有哪些类型？ 97

153 防水材料铺设前对材料基底层有何要求？ 97

154 防水层施工时的阴阳角怎样处理，应注意些什么？ 97

155 不同类型防水卷材施工方法包括哪些，应注意哪些问题？ 98

156 高聚物改性沥青防水卷材热熔法施工时注意哪些问题？ 98

157 自粘类防水卷材施工时应注意哪些问题？ 99

158 高分子防水卷材施工时应注意哪些问题？ 99
159 高分子涂料施工时应注意哪些问题？ 100
160 聚氯乙烯（PVC）和热塑性聚烯烃（TPO）类耐根穿刺防水层卷材施工应注意的问题？ 100
161 三元乙丙橡胶类（EPDM）防水层卷材施工时应注意哪些问题？ 101
162 聚乙烯丙纶和聚合物水泥胶结料复合防水材料施工应注意哪些问题？ 101
163 喷涂聚脲类防水涂料施工时应注意哪些问题？ 101
164 种植屋面阻根层铺设高密度聚乙烯土工膜（PE 膜）施工时注意哪些问题？ 102
165 种植屋面施工时各类防水卷材搭接宽度有什么要求？ 102
166 耐根穿刺防水层与普通防水层相邻施工时，应注意哪些问题？ 103
167 施工过程中防水的细节处理有哪些？ 104
168 种植屋面的渗漏原因有哪些？ 104
169 种植屋面在施工中如何应对防水渗漏问题？ 105
170 屋面防水层完成后，怎样保证不会破坏防水？ 105
171 种植屋面排（蓄）水层施工应注意那些问题？ 105
172 种植屋面过滤层施工时应注意哪些问题？ 106
173 种植屋面灌溉施工时应注意哪些问题？ 107
174 女儿墙侧立面的排水口排水时如何防止基质的流失堵塞排水口？ 108
175 种植土应采取哪些措施来防止扬尘？ 108
176 轻型种植基质在施工时应当注意什么？ 109
177 容器式种植屋面施工的步骤与覆土式种植屋面的施工步骤有何区别？ 110
178 容器式种植施工时应注意哪些问题？ 110
179 屋面种植乔木、灌木时应注意哪些问题？ 110
180 种植屋面施工中，大乔木可否全冠全叶移植？ 111
181 屋面种植草本、地被类植物时应注意哪些问题？ 111
182 种植屋面植被层施工时，植物移栽有哪些要注意的细节？ 112
183 种植屋面施工中植物如何防风？ 112
184 种植屋面施工后，如何检查确认苗木是否成活？ 113
185 种植屋面施工中，对于片植灌木部分的死亡有何解决手段？ 114

186 种植屋面施工中苗木土球破损怎么办? 114
187 种植屋面施工中树皮与树根损伤怎么处理? 115
188 屋顶基础层使用的混凝土为轻质混凝土，施工时需要注意什么? 115
189 荷载较小的屋顶上如何固定钢板种植池? 115
190 屋面铺装及面层施工时应注意哪些问题? 116
191 屋顶上的园林座凳如何有效减轻其荷载? 116
192 如何提高屋顶上设备围挡的基础稳定性? 117
193 种植屋面园林小品施工应注意哪些问题? 117
194 屋顶上的钢板水池施工需要注意什么? 117
195 发光字体如何在屋面景墙墙面上固定而不露灯线? 118
196 屋顶上的景观廊架如何保证稳定性? 118
197 屋顶上的栏杆施工应注意哪些问题? 119
198 木柱如何在屋顶上生根固定? 119
199 种植屋面在做附属设施工程的施工时应注意什么问题? 119
200 屋面电气照明、防雷系统施工应注意哪些方面? 120
201 种植屋面垂直运输有哪些方式? 120
202 种植屋面施工离不开垂直运输，如何安全地进行垂直运输? 120
203 种植屋面施工中搭设脚手架时应采取的步骤是什么? 121
204 种植屋面施工中搭设脚手架时需要注意哪些问题? 121
205 如何在施工过程中控制屋顶施工的质量? 121
206 提高种植屋面施工质量要注意哪些细节? 122
207 种植屋面夏季高温施工需要注意哪些问题? 122
208 种植屋面工程中，施工方应如何与监理方配合? 123
209 种植屋面施工过程中存在哪些风险，需要采取什么措施来应对这些风险? 123
210 种植屋面施工过程中产生的废料、垃圾、废水以及污染气体如何处理? 124
211 种植屋面水景的饰面应如何施工? 124
四 养护管理类 125
212 种植屋面植物养护管理应注意哪些问题? 126
213 种植屋面植物的日常防护都有哪些注意事项? 126

214 种植屋面植物浇水应注意什么？ 126

215 种植屋面灌溉过程中应注意哪些问题？ 127

216 不同类型的种植屋面浇水频率应注意哪些问题？ 128

217 种植屋面冬季适当补水的意义何在？ 128

218 种植屋面植物的修剪应注意哪些问题？ 128

219 种植屋面对于花灌木的修剪应注意哪些问题？ 129

220 种植屋面植物施肥应注意什么？ 130

221 种植屋面需要定期除草吗，怎么除？ 130

222 如何有效减少种植屋面中出现的杂草野树？ 131

223 考虑植物会慢慢长大，栽种时如何保证前期和后期的效果？ 131

224 种植屋面植物病虫害防治应注意什么？ 132

225 冬季种植屋面怎样搭设御寒风障？ 132

226 种植屋面的防风措施有哪些？ 133

227 种植屋面的防寒措施有哪些？ 133

228 佛甲草种植屋面在冬季常有鸟类毁苗现象，如何避免？ 134

229 应采取哪些管理措施来避免佛甲草夏季发黄，并保证其安全越冬？ 134

230 佛甲草用于轻型种植屋面种植需要引起重视的问题是什么？ 135

231 种植屋面中的基质需要定期更换吗？ 135

232 通过种植屋面养护管理来看，种植屋面覆土是不是越厚越好？ 136

233 植物品种和种植设计的不合理会给养护管理带来什么负面影响？ 136

234 种植屋面设施维护管理应注意哪些问题，应该怎么做？ 137

235 为什么要对种植屋面的水落口进行维护，应注意哪些问题？ 137

236 建筑屋面设备、构筑物的保护及美化应该怎么做？ 138

237 屋顶配电系统维护应注意哪些问题？太阳能灯怎样养护？ 139

238 屋面上受阳光直射强度大，对于园林小品的老化、腐化有没有具体措施？ 139

239 种植屋面有水体时，水循环维护应注意些什么？ 140

240 如何才能避免屋顶排水管道的堵塞？怎样在养护过程中迅速找到屋面的水落口？ 140

五 工程质量监理与验收类 143

241 种植屋面施工准备阶段的监理应包括哪些内容? 144

242 种植屋面施工过程质量监控应包括哪些内容? 144

243 项目监理机构种植屋面工程质量相关资格及材料控制包括哪些内容? 144

244 项目监理机构种植屋面工程质量施工方报送的相关材料应注意哪些问题? 145

245 监理人员对种植屋面工程施工质量进行巡视时应包括哪些主要内容? 145

246 监理机构在种植屋面隐蔽工程及施工中发现问题时应怎样处理? 146

247 监理机构在种植屋面竣工验收时主要内容有哪些? 146

248 种植屋面工程施工验收前，施工单位应提交哪些主要文件? 146

249 种植施工竣工前，施工单位应提交哪些文件? 147

250 分项工程质量验收检测方法及要点有哪些? 147

251 种植屋面隐蔽工程的施工质量验收应符合哪些规定? 148

252 种植屋面非隐蔽工程的施工质量验收应符合哪些规定? 149

六 工程造价类 151

253 种植屋面设计取费标准有什么依据? 152

254 老旧小区种植屋面工程费用由谁承担，有何鼓励政策? 152

255 北京市屋顶绿化鼓励政策有哪些? 152

256 上海市屋顶绿化鼓励政策有哪些? 153

257 重庆市屋顶绿化鼓励政策有哪些? 153

258 成都市屋顶绿化鼓励政策有哪些? 153

259 武汉市屋顶绿化鼓励政策有哪些? 154

260 种植屋面施工应选择什么资质的施工单位? 有没有专门的种植屋面施工设计资质? 154

261 种植屋面经济效益应如何计算? 154

262 在进行施工预算时，种植屋面与普通绿化有哪些区别? 155

263 不同类型的种植屋面每平方米造价通常是多少? 155

264 种植屋面比地面绿化造价高在哪些方面? 155

265 如何有效地控制种植屋面的造价? 156

266 种植屋面后期养护的费用包括哪些内容? 156

267 种植屋面工程收取垂直运输费的依据是什么？ 156
268 种植屋面的高造价很难调动起业主的积极性，如何推广？ 156
269 种植屋面常用构造层材料的指导价格是多少？ 157
七 试验检测类 159
270 耐根穿刺试验原理有哪些？ 160
271 耐根穿刺试验对试验环境的要求有哪些？ 160
272 耐根穿刺检测试验对试验箱的尺寸有何要求？ 160
273 市场上常见的耐根穿刺材料有哪几种？ 161
274 耐根穿刺试验方法步骤主要是什么？ 161
275 耐根穿刺植物检测试验前对卷材试样有些什么要求？ 163
276 耐根穿刺试验的材料包括哪些？ 163
277 试验期间植物养护上应注意什么？ 164
278 试验结束时应注意哪些问题？ 164
279 耐根穿刺试验结果不属于卷材被根穿刺如何判定？ 165
280 种植试验如何评价植物的生长是否正常？ 165
281 耐根穿刺试验报告包含哪些内容？ 165
参考文献 166

一 基础知识类

一 基础知识类
二 设计类
三 施工类
四 养护管理类
五 工程质量监理与验收类
六 工程造价类
七 试验检测类

1 什么是种植屋面，与建筑绿化、地面绿化、立体绿化区别是什么？

种植屋面又叫做屋顶绿化、屋顶花园或空中花园、屋顶种植，是指区别于地面绿化，在高出地面以上，周边不与自然土层相连接的各类建筑物、构筑物的顶部以及天台、露台上的绿化。种植屋面是建筑第五立面的绿化，属于立体绿化的一部分（立体绿化包括屋顶绿化和垂直绿化），是在建筑物、构筑物的顶层进行的绿化种植。

建筑绿化包括了建筑屋顶绿化、垂直绿化和建筑室内绿化。种植屋面在植物的选

1	4
2	
3	

图 1–1　种植屋面

图 1–2　建筑绿化

图 1–3　地面绿化

图 1–4　立体绿化

2）种植屋面可以美化环境、净化空气，改善人居环境，提高市民生活和工作环境质量。在不增加占地面的情况下，种植屋面增加了城市绿化面积，通过建筑第五立面丰富了绿化层次，美化了城市的空中景观，也拉近了人与自然的距离，提高了种植屋面本建筑及其周边建筑的人居环境质量，提高国土资源利用率。

3）种植屋面可以消弱城市噪声、降尘滞尘、净化空气。城市大气中的固体颗粒物来源有三方面：远周边大气自由输送、近周边边界层输送、因城市化和工业化造成的空气污染。从污染的时间和强度上看，远周边大气自由输送和近周边边界层输送主要发生在早春季节，持续时间相对较短，强度较大。城市化和工业化造成的空气污染常年存在，季节性不强。北京市园林科学研究院“北京城区绿化防沙治尘技术示范与研究”课题的研究成果表明，植物的滞尘作用，与植物叶片的生长量有关，其变化规律可归结为：3、4月份叶片生长量小，滞尘作用弱；7、8月份植物生长茂密，滞尘量最大；10月份植物落叶，滞尘量开始下降。

根据北京市园林科学研究院“屋顶绿化研究与示范”课题针对屋顶绿化植物整个生长季节的滞尘结果分析而得出的研究成果表明，花园式种植屋面滞尘量平均为12.3g/m^2，滞尘率平均为31.13%；佛甲草简单式种植屋面滞尘量平均为8.5g/m^2，花园式滞尘率比简单式种植屋面滞尘率高约10%。由此推断，如果将北京规划市区内现有建筑平屋顶7000万m^{2}的30%进行屋顶绿化，则滞尘总量达218t/年，可以大大改善城市空气质量。

4）种植屋面可以蓄水、截留雨水、增强雨水利用，缓解城市排水压力，减低城市排水负荷。以北京年均降雨量600mm为例，根据北京市园林科学研究院“屋顶绿化研究与示范”课题的研究成果表明，平均覆土厚度30cm的花园式种植屋面可截留年降水量的64.6%，平均覆土厚度10cm的简单式种植屋面可截留年降水量的21.5%，大大缓解城市雨洪压力，并为城市蓄存大量淡水资源。

5）种植屋面可以保护建筑屋面结构，延长屋顶建材使用寿命。种植屋面可以防止太阳暴晒、雨雪侵蚀等对屋顶面层造成的直接伤害，有效保护屋顶建材和设备，延长使用寿命，实现资源节约。

6）种植屋面可以保温隔热，提高建筑保温效果，降低能耗。有植被覆盖的墙面比裸露墙面温度低5℃左右。在夏季种植屋面可以达到隔离部分紫外线、提高湿度、隔热等作用，使顶层室内温度降低3～5℃。同样，在冬季种植屋面也有保温作用，放缓室内热量散失的速度，从而达到建筑节能。

5 目前国内什么样的屋顶适合做种植屋面？

新建建筑或既有建筑的平屋面、坡屋面适宜做种植屋面，地下室顶板覆土后适宜做种植屋面，古建木梁板平顶不适宜做种植屋面。适合做种植屋面的屋顶必须具备一定的条件：

1）符合相应的安全荷载；

2）有安全护栏；

3）有上人施工作业的条件；

4）防水安全可靠；

5）对建筑高度有一定的要求。

6 种植屋面目前有哪些绿化形式，各有什么优势？

最常用的种植屋面有覆盖式种植屋面和容器式种植屋面。

1）覆盖式种植屋面稳定性较好，塑造布局、地形和植物造景更加自然，且更加丰富多变，铺装及小品的材料可选范围更广，能够达到的生态效益更好，能对屋顶防水层和设备达到更好的保护作用。

2）容器式种植屋面可提前在厂家进行植物的培育，施工方便快捷，可快速出效果。在屋面荷载较低、条件复杂或耐根穿刺防水层结构不易施工的条件下，可利用带有阻根功能的种植容器简化施工过程，且竣工后若有其他施工或维修与种植屋面发生交叉产生破坏时，易于移动更换。

7 种植屋面对建筑层高是否有要求？

种植屋面对建筑层高是有要求的，但是不同的城市对于建筑层高要求不尽相同。例如，在北京，适宜种植屋面的建筑层高要求是 12 层以下（含 12 层），建筑高度是 40m 以下（含 40m），以新建建筑为主、既有建筑为辅，一般要求建筑年龄不宜超过 20 年，建筑荷载不低于 1.0kN/m^2；在上海，规定 6 层以下、建筑高度 18m 以下的建筑物屋顶可以进行种植屋面。

由于国内不同地区环境条件、气候条件差异较大，因此，行业内目前尚无种植屋

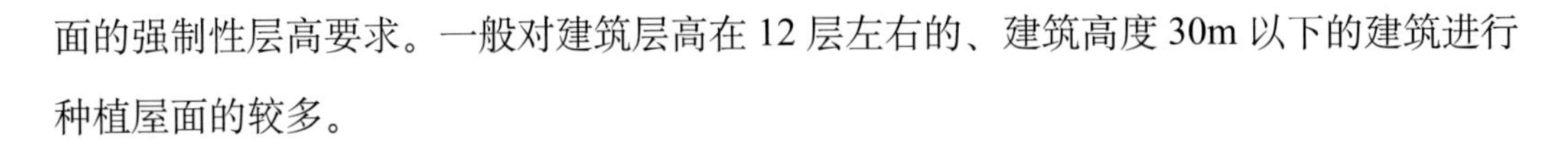

面的强制性层高要求。一般对建筑层高在 12 层左右的、建筑高度 30m 以下的建筑进行种植屋面的较多。

8 建筑的屋顶形式有哪些？

建筑的屋顶形式按照不同的功能和形式分类很多，一般情况下，常见的分类方式主要包括以下几种：

1）根据构造层中保温层的设置位置不同，可以分为正置式屋面（建筑保温层在防水层以下）和倒置式屋面（建筑保温层在防水层以上）两种类型；

2）根据建筑屋面的使用功能不同，可以分为上人屋面和非上人屋面两种类型；

3）按照建筑屋面形式和材料的不同，可以分为种植屋面、单层屋面、金属屋面、混凝土防水屋面等多种类型。

9 什么是正置式屋面？它适合做种植屋面吗？

正置式屋面的保温层设置在防水层下面，这种做法又称为正置式保温屋面，也是比较常见的屋面构造形式。其构造层次为防水层、绝热层、结构层。这种屋面对采用的保温材料没有特别的要求，但也要求尽量使用吸湿性低、耐气候性强的材料作为保温层，如聚苯乙烯泡沫塑料板或聚氯酯泡沫塑料板等，并在绝热层上加设防水层和防水保护层等，在荷载允许的条件下是适合做种植屋面的。

10 什么是倒置式屋面？它适合做种植屋面吗？

倒置式屋面的保温层设置在防水层上面，这种做法又称为倒置式保温屋面。其构造层次为绝热层、防水层、结构层。这种屋面对采用的保温材料有特殊的要求，应当使用吸湿性低、耐候性强的憎水材料作为绝热层（如聚苯乙烯泡沫塑料板或聚氯酯泡沫塑料板），并在绝热层上加设钢筋混凝土、卵石、砖等较重的覆盖层。由于绝热层相对薄弱，没有更多保护层次，不适合做种植屋面，但有条件的情况下，根据现行行业标准 JGJ 155—2013《种植屋面工程技术规程》的相关规定，可以做容器式种植屋面，便于养护和维修。

11 什么是上人屋面？什么是不上人屋面？

上人屋面一般是指允许人员进入屋顶，以及经常有人活动的屋面。一般建筑设计中设置出屋面楼梯的，也认定为上人屋面，而且上人屋面的围护结构高度，应满足以下要求：

1）建筑高度为 24m 及以下时，栏杆高度宜为 1.05m；

2）建筑高度为 24m 以上时，栏杆高度宜为 1.1m。

上人屋面的四周翻起高度以最不利点（即可踏面及屋面构造最高标高处）为基准进行计算，从结构面计算，一般高约 1.3m 左右。种植屋面需要维护、修剪，施工过程复杂，对荷载要求较高，要求必须按上人屋面设计安全维护结构。

不上人屋面一般是指不允许人员进入屋顶，不允许有经常性的人为活动的屋面。一般建筑设计中只留有上屋面检修孔或者检修爬梯，不设置出屋面楼梯，也可以认定为不上人屋面。不上人屋面的四周翻起高度需考虑屋面构造厚度及檐沟泛水构造，一般高约 0.6m 即可。

图 1-8　上人屋面

图 1-9　不上人屋面

12 当完成了上人屋面的种植屋面建设后，在上人安全方面，有什么具体的注意事项吗？

种植屋面建设完成后，在上人安全方面需注意以下几点：

1）相关人员在种植屋面上活动时，应避免出现剧烈运动以及容易引起共振的相关活动。

2）严格控制单次进行屋顶相关活动的人数（根据建筑活荷载具体情况而定）。

3）种植屋面建成后除日常维护外，应设专人负责检查屋面水落口的使用情况。汛期前应做好相关设施的排查维护工作，确保水落口设施的正常运行；汛期应巡查和清理排水设施，出现问题及时修缮。

4）遇到雨、雪、雷电、雾等恶劣天气，或者风速达到 4 级以上时，屋顶严禁上人。

13 种植屋面有哪些构造层次，各有什么作用？

种植屋面和地面绿化相比，其生长条件发生了巨大变化。在自然地面上生长的植物根系不会受到土层厚度的限制，没有重量的限制；能正常吸收土壤的养料和水分；多余的水分会下渗到下层土壤中，补充地下水。种植屋面缺少这些优越条件，在设计施工中还要注意建筑结构承重、排水、防水等要求。

因此，我们要创造条件，尽可能满足植物的需求，保证植物的正常生长。根据不断的研究探索和多年的实践经验，常见的种植屋面构造组成自下向上依次是：屋面结构层→找坡层→绝热层→找平层→普通防水层→耐根穿刺层→保护层→排（蓄）水层→过滤层→种植基质层→植被层→表面覆盖层。

这里将种植屋面构造层次从绝热层开始，依次的作用列述如下：

1）绝热层为建筑顶板屋面整体的基础保温层，一般多采用聚苯乙烯泡沫塑料板或聚氯酯泡沫塑料板等憎水性好的保温材料，尽量不用散状保温材料。

2）普通防水层为屋面整体防水的基础层。

3）耐根穿刺防水层可阻止根系随意生长破坏防水层。

4）保护层，防水层易被尖刺物、阳光暴晒等原因破坏，需要保护层提高防水层的使用年限。

5）排（蓄）水层，本层有两方面的作用：一是保持排水通畅，增加排水效率；二是储存一定量的水分以供植物根系吸收。

6）过滤层可防止种植基质随水冲走，造成基质的流失和排水系统的堵塞。

7）种植基质层具有一定的渗透性、蓄水能力和空间稳定性，是提供屋面植物生长所需养分的田园土、改良土和无机种植土的总称。种植屋面中的种植基质有别于地面种植土，一般由营养土和轻质骨料配比而成或为无机轻型种植基质，性能指标严格，必须包括土壤渗透系数、饱和水容量、有机质含量、全盐含量、pH 值等指标。

8）植被层，适合屋顶生长的植物，一般多选择耐寒耐旱、耐瘠薄、综合抗性强的

植物，如景天科植物等。

9）表面覆盖层，有些轻型种植基质容重较轻，易被水流漂起、冲散或被大风刮走，因此，种植基质表面必须增加覆盖层，材料多为草坪、陶粒、火山岩、树皮等，能够起到表层基质稳定固着的作用。

14 种植屋面在安全上具体有什么要求呢？

建造种植屋面，必须考虑好安全要求，这其中包括建筑结构安全、活动人员的防护安全和出入口的设置等问题。

1）屋顶承重安全主要是指建筑屋顶结构荷载是否安全、合理。屋顶荷载是指通过屋顶的楼盖梁板传递到墙、柱及基础上的荷载。结构上通常把屋顶结构所承受的荷载分为两大类：静荷载和活荷载。

静荷载通常是指屋顶结构本身以及作为屋顶结构一部分的永久性构筑物产生的荷载，它包括屋顶结构自身各部分产生的荷载，防水和保温材料以及长久使用的机械设备如空调设备、通风设备等产生的荷载；屋面构造层、种植屋面构造层和植被层等产生的荷载都属于静荷载。

活荷载是指家具、可移动擦窗设备等临时设备，以及其他临时放置的物体，雨、雪、风和种植屋面中活动人群产生的荷载都属于活荷载范畴。与静荷载相比，活荷载相对而言要小得多，但对它同样要重视。

2）种植屋面必须明确荷载的相关指标和技术资料，具体内容有以下几方面：

① 除了屋顶结构及其设备外，实施种植屋面所允许的最大荷载值；

② 屋顶所允许的活荷载；

③ 屋顶结构中支柱和承重梁的位置。因为位于柱梁之间的屋顶与支柱梁上部的屋顶所能承受的荷载是不同的，后者所能承受的荷载远远大于前者。

这些参数决定种植屋面设计的内容和材料的选择，以及屋顶允许的活动人数。在种植屋面施工前，必须对种植屋面荷载进行核算，计算时必须以材料的水饱和状态时的相对密度作为基数进行计算。

3）其他荷载安全控制措施，种植屋面设计和建造时应将花架、水池、景石等重量较大的景观元素设置在建筑承重墙、柱位置，保证建筑整体结构的安全。因为承重墙、柱的荷载承受能力远远大于楼板的承重能力。种植屋面中要注意选用中小型植物材料，

且要求在养护管理中进行整形修剪，保证植物形态的美观，并控制好植物的重量。

15 屋顶防护安全主要有哪些，注意事项是什么？

屋顶防护安全主要有出入口的设置和防护围栏安全。

1）出入口的设置，为了消防疏散等安全要求，种植屋面至少应设有两个出口，必要时应设置专门的疏散楼梯。种植屋面的出入口选址要方便使用者的出入。理想的位置是在使用率最高的室内集散空间的附近，如公共餐厅附近等位置。人们很容易就能观赏到花园的景色。这有助于增加花园的吸引力。为了方便残疾人，出入口铺装高度要尽可能接近室内地坪的高度。

2）防护围栏，为防止高空物体坠落，保护游人安全，屋顶周边应设置高度在110cm 以上的防护围栏、女儿墙或其他围挡设施。围挡的构造设计要防止儿童攀爬，围栏不要设置低矮的横向隔板，以防儿童攀爬坠落。

另外，确保植物和设施的固定安全。

图 1–10　种植屋面金属围栏

图 1–11　种植屋面金属围栏

16 种植屋面在结构安全上应重视哪些问题？

1）不同种植基质因其导热系数差异较大，会对建筑侧立面墙或女儿墙产生侧面应力，造成结构安全隐患。因此，种植屋面种植区与建筑侧立面墙或女儿墙之间必须留出至少 30cm 的缓冲区，作陶粒填充或硬质铺装处理，保证结构安全。

2）屋顶瞬时集中降雨若排水不畅，会导致屋面储存水过大，加重建筑荷载负担并危及建筑安全。因此，种植屋面排水至关重要，必须设置雨水观察井，及时观察并清理杂物。

图 1–12　雨水观察井

17 种植屋面在植物安全上应重视哪些问题?

种植屋面应注意植物选择和植物固定，应遵循植物多样性和共生性原则。以生长特性和观赏价值相对稳定、滞尘控温能力较强的本地常用和引种成功的植物为主，或以低矮灌木、草坪、地被植物和攀援植物等为主，原则上不用大型乔木，有条件时可少量种植耐旱小型乔木。屋顶干旱多风，瞬间风力有时可达 7 ~ 8 级，因此要确保种植屋面植物材料、基础层材料以及绿化设施材料的牢固性。

在屋顶植物选择方面应该做到：

1）种植屋面植物应以今后养护管理的低成本低维护为原则，选择耐粗放管理的植物为主，尤其是应将耐旱、耐寒、耐夏季高温的植物定为首选植物。

2）应选择须根发达的植物，避免植物根系穿刺建筑防水层。

3）应选择易移植、耐修剪、耐粗放管理、生长缓慢的植物，避免植物逐年加大的活荷载对建筑结构的影响。

在屋顶植物固定方面应该做到：

1）高度大于 2m 的植物距离边墙不宜小于 2m。

2）高度大于 2m 的植物必须采取支撑、牵引等方式进行固定，可采用地上撑杆固定法、绳索拉结固定法或地下固定法，绑扎树木处应加垫衬，不得损伤树干。

3）在固定植物时，支撑、牵引方向应与植物生长地的常遇风向保持一致。牵引、支撑时应根据植物体量及自身重量选择适当的固定材料。对于枝条生长较密的植物，冬季还应进行适当修剪，使其通风透光，提高抗风能力。

18 种植屋面对建筑基层都有些什么要求？

根据现行国家标准 GB 50345—2012《屋面工程技术规范》，屋面排水坡度一般要求为 2% ~ 3%。根据种植屋面实际要求，屋面坡度宜为 2% ~ 3%。当坡度小于 2% 时，宜选用材料找坡；当坡度为 3% 时，宜选用结构找坡。天沟、檐沟的纵向坡度不应小于 1%，沟底落差不得超过 200mm。水落口周围直径 500mm 范围内坡度不应小于 5%，水落管径不应小于 75mm，屋面水落管的最大汇水面积宜小于 $200m^2$。

图 1–13 排水口

19 种植屋面对建筑屋面坡度要求是什么？

屋面坡度小于 10% 的种植坡屋面可以按照平屋面结构进行设计施工；屋面坡度为 10% ~ 20% 的可以按照坡屋面基本结构进行设计和施工；屋面坡度大于 20% 需要设置防滑构造；屋面坡度大于 50% 时，不宜做种植屋面。

20 种植屋面的荷载是怎样设定的？

根据现行国家标准 GB 50009—2012《建筑结构荷载规范》中规定，不上人屋面均布活荷载标准值为 $0.5kN/m^2$；上人屋面均布活荷载为 $2.0kN/m^2$；种植屋面均布活荷载为 $3.0kN/m^2$，其中不包括花圃土石等材料自重，种植屋面要根据类型不同，确定相应的荷载。

表 1-1 屋面活荷载 单位：kN/m^2

类别	活荷载
不上人屋面荷载	0.5
上人屋面荷载	2.0
屋顶花园（含屋顶运动场地）	3.0

21 为什么说种植屋面的结构荷载安全必须要考虑种植土类型及植物增重的影响？

种植屋面的结构荷载安全必须要考虑种植土类型及植物增重。种植土的类型决定了种植土的容重，不同类型的种植土的容重相差 2 ～ 3 倍，因此必须慎重考虑和选择较为轻质的土壤（建议使用湿容重在 1000kg/m^3 左右的改良土）。在考虑种植土类型的同时还应该充分考虑到种植土饱水后的容重、压实系数、有机物含量等。

种植的合理布局也相当重要，要避免不合理布局影响结构荷载安全。由住房和城乡建设部发布的现行行业标准 JGJ 155—2013《种植屋面工程技术规程》中 5.1.5 条文规定：花园式屋面种植的布局应与屋面结构相适应；乔木类植物和亭台、水池、假山等荷载较大的设施，应设在承重墙或柱的位置。植物增重不容忽视，尤其是乔木类植物应该考虑到该乔木 10 年以后的植物重量作为结构荷载计算的参考依据。当然应该选用慢生植物比较有利于结构荷载安全。

种植屋面还应预先全面调查建筑的相关指标和技术资料，根据屋顶的承重，准确核算各项施工材料的重量和一次容纳游人的数量。新建建筑种植屋面的结构承载力设计，必须包括种植荷载。既有建筑种植屋面改造时，荷载必须在屋面结构承载力允许范围内。

22 种植屋面结构承载力设计为什么设为强条，如何规定的？

现行行业标准 JGJ 155—2013《种植屋面工程技术规程》条文中“3.2.3 种植屋面工程结构设计时应计算种植荷载。既有建筑屋面改造为种植屋面前，应对原结构进行鉴定。”此强条对种植屋面的设计再次强调其种植荷载的重要性，并对建筑屋面结构进行设计施工前的鉴定，保障屋面种植安全合理的进行。

屋面种植很重要的一点就是荷载要适应建筑结构设计的需要，以达到安全适用、经济合理的要求。植物在整个生长过程中荷载是不断发生变化的，出于安全考虑，除屋面结构荷载外，还要考虑种植基质的荷载、初栽植物荷重和植物生长期增加的可变荷载，以确保建筑物的使用安全。

建筑荷载涉及建筑结构安全，新建种植屋面工程的设计程序是，首先应确定种植屋面基本构造层次，而后根据各层次的荷载进行结构计算。既有建筑屋面改造成种

植屋面的，由于承载力有限，应对其原结构的安全性进行检测鉴定，以确定是否适宜种植。

23 怎样确定种植屋面的荷载大小？

种植屋面结构要同时承受静荷载和活荷载。静荷载由所有的构造层共同组成，如种植层、过滤层、排水层、绝热层、防水层等，要考虑这些结构层所有材料在饱和水状态下的密度。活荷载主要考虑植物本身生长产生的逐渐增加的荷载和灌溉产生的附加荷载。种植屋面的活荷载数值仅是屋顶设计荷载中的一部分。它与屋顶结构自重、防水层、找平层、绝热层和屋面铺装等静荷载相加，才是屋顶的全部荷载。值得指出的是，在种植屋面设计中，种植屋面的活荷载往往不是控制值，而种植屋面中的种植区、水体等园林小品的平均荷载经常超过屋顶活荷载。屋顶楼板结构设计时，因为无法按曲曲折折的园路和不规则种植池等分别配筋或选用不同荷载型号的预制楼板，一般采用较大的平均荷载，也就是说，屋顶活荷载只是一项基本值，房屋结构梁板构件的计算荷载值要根据种植屋面上各项园林工程的荷重大小最后确定。

1）新建种植屋面工程的结构承载力设计，必须包括种植荷载。既有建筑屋面改造成种植屋面时，荷载必须在屋面结构承载力允许的范围内。

2）现行国家标准 GB 50009—2012《建筑结构荷载规范》中种植屋面为均布活荷载，种植屋面活荷载不包括花圃土石等材料自重，花圃土石等材料自重应该算为恒载。

24 上人屋面活荷载如何限定？种植屋面工程占用活荷载的百分比最高为多少？

屋面活荷载包括由积雪和雨水回流，以及建筑物修缮、维护等工作产生的屋面荷载。屋面均布活荷载标准值是 2.0kN/m^2（上人屋面），用单位标准值乘以楼面跨度值，即可以得到上人屋面活荷载。

通常种植屋面工程只能占用静荷载，而活荷载为建筑风载、雪载预留，种植屋面工程占用活荷载的百分比不能超过 30%。

25 种植区的荷载如何处理？怎样进行荷载分配计算？

1）满覆盖式绿化：根据建筑荷载较小的特点，利用耐旱草坪、地被、灌木或可匍匐的攀援植物进行屋顶覆盖绿化。

2）固定种植池绿化：根据建筑周边圈梁位置荷载较大的特点，在屋顶周边女儿墙一侧固定种植池，利用植物直立、悬垂或匍匐的特性，种植低矮灌木或攀援植物。

3）可移动容器式种植：根据屋顶荷载和使用要求，以容器组合形式在屋顶上布置观赏植物，可根据季节不同随时变化组合。

表 1–2　植物材料平均荷重和种植荷载参考表

植物类型	规格	植物平均荷重（kg）	种植荷载（kN/m^2）
乔木（带土球）	H=2.0 ～ 2.5m	80 ～ 120	2.5 ～ 3.0
大灌木	H=1.5 ～ 2.0m	60 ～ 80	1.5 ～ 2.5
小灌木	H=1.0 ～ 1.5m	30 ～ 60	1.0 ～ 1.5
地被植物	H=0.2 ～ 1.0m	15 ～ 30	0.5 ～ 1.0
草坪	$1m^2$	10 ～ 15	0.5 ～ 1.0

注：选择植物应考虑植物生长产生的活荷载变化。种植荷载包括种植区构造层自然状态下的整体荷载。

26 园路的荷载如何确定？

园路荷载的计算按照结构层次，每层的材料乘以单个铺装的面积，得到单个层次的荷重，最后把每层的荷重相加，即可得到该形式铺装道路的荷重。铺装材料可为木铺装、花岗岩铺装、透水铺装等。

27 种植屋面局部荷载超重时如何处理，应注意什么？

种植屋面尽量避免超出其可承受的荷载范围，一旦局部荷载超重，尽量利用该部分周边的梁柱结构进行减力，分散荷重。应注意施工时活荷载对局部荷载的压力的增加。

28 种植屋面防水等级要求是怎么规定的？

屋面防水工程根据建筑物的类别、重要程度、使用功能要求确定防水等级，并应按相应等级进行防水设计；对防水有特殊要求的建筑屋面，应进行专项防水设计。建筑屋面防水等级划分见表 1–3（摘自现行国家标准 GB 50345—2012《屋面工程技术规范》）。

表 1–3 防水等级要求

防水等级	建筑类别	设防要求
Ⅰ级	重要建筑和高层建筑	两道防水设防
Ⅱ级	一般建筑	一道防水设防

29 什么是耐根穿刺防水层，特点是什么？

耐根穿刺防水层是具有防水和阻止植物根系穿刺功能的构造层。

1）具有防水和阻止植物根穿透双重功能，能够承受植物根须穿刺，长久保持防水功能；

2）既防根穿刺，又不影响植物正常生长；

3）可形成高强度防水层，抵抗压水能力强，并耐穿刺、耐硌破、耐撕裂、耐疲劳；

4）抗拉强度高，改性沥青涂盖层厚度大，对基层收缩变形和开裂的适应能力强；

5）优异的耐高低温性能，冷热地区均适用；

6）耐腐蚀、耐霉菌、耐候性好；

7）热熔法施工，施工方便且热接缝可靠耐久。

30 为什么种植屋面要设置耐根穿刺防水层？它的重要性是什么？怎样选择材料？

1）设置耐根穿刺防水层的必要性：

在地面绿化中，植物根系在自然土生长环境下，可按自然规律生长而不受其他条件的限制，根系生长有足够的空间，这是显而易见的。而在建筑屋面结构层上进行绿化，由于排水、蓄水、过滤等功能的需要，种植屋面远比地面绿化复杂得多。种植

土层较薄，营养面积较小，地势干燥，一些植物的根系又具有一定的穿刺能力，例如禾本科（Gramineae）刚竹类（Phyllostachys）和冰草属西伯利亚冰草（Agropyron sibiricum）、蔷薇科（Rosaceae）梨属火棘（Pyrus fortuneana）等，普通防水材料容易被植物的根系穿透导致屋顶发生渗漏。因此从建筑安全考虑，必须设置耐根穿刺防水层来引导和限制植物根系的生长。

2）耐根穿刺防水材料选择原则：

① 耐根穿刺防水材料的选用应符合国家相关标准的规定；

② 应具有国内外相关检测机构出具的物理性能检测合格报告；

③ 应具有耐根穿刺防水卷材检测机构出具的合格证明；

④ 以目前国内防水市场所占份额较大的柔性防水卷材为主。

31 屋面防水层漏水原因是什么，如何处理呢？

屋面防水层漏水原因主要有如下原因：

1）原屋面防水层存在缺陷。屋顶女儿墙和天沟沿口等节点处容易出现防水层渗漏，特别是刚性防水层在施工完成后可能会出现裂缝而漏水。经调查分析产生裂缝的原因包括：

① 屋面由于昼夜温差变化或太阳热辐射引起热胀冷缩；

② 屋面板受力后的翘曲变形；

③ 地基沉降或墙体承重后坐浆收缩等原因引起屋面变动等。

2）种植屋面施工操作不当。在屋顶防水层上进行多项园林工程施工，容易因施工操作不当造成防水层破坏导致漏水。如在缺乏保护层的防水层上直接进行园林施工，即使不打洞穿孔或埋设固定铁件，施工不精心仍会破坏屋顶防水和排水构造，造成屋顶漏水。

3）屋顶抗渗防漏问题的处理。当植物所使用的水肥呈一定酸碱性时，会对屋面防水层产生腐蚀作用，从而降低屋面防水性能。补救方法是在原防水层上加抹一层厚1.5 ~ 2.0cm 的火山灰硅酸盐水泥砂浆后再覆土种植。同普通硅酸盐水泥砂浆相比，火山灰硅酸盐水泥砂浆具有耐水性、耐腐蚀性、抗渗性好及喜温润等优点，与覆土层共同作用下，屋顶防水效果将更加显著。

32 种植屋面的防水性能如何检查，有具体方法吗？

种植屋面的防水性能检查方法一般包括积水法、喷淋法、电脉冲法和烟气法等 4 种方法。

1）积水法。积水法必须在未绿化屋顶前进行。一般仅限于坡度小于 5%的屋顶，因为砌筑檐口的砖砌体是一个封闭的整体，因此通过侧面升高的槽可形成屋面防水层。一般从防水层上渗漏的水会在水平方向上流动，并且会流到离雨水位置比较远的地方，需将屋顶排水口用充气橡皮袋或其他物体塞紧。

2）喷淋法。喷淋法必须在未绿化屋顶前进行。一般用于坡度大于 5%的屋顶和有外挑檐的屋顶。方法是在屋顶平面产生降雨的形式，在屋顶创造一个持续不断的水薄膜层。

3）电脉冲法。电脉冲法在绿化屋顶建造后，并在建筑构造厚度达 30cm 时均可进行。方法是对需检查的平面灌满水或喷灌，在天花板下边流出水的位置，固定一个电极且通过电缆连接传感器，在屋顶平面检查电流的变化情况，由于水的导电性，电流通过屋顶结构土的水时会发生变化，由此判断和检查出屋面防水层损坏的位置。

4）烟气法。烟气法必须在未绿化屋顶前进行。方法是打开屋面防水层，把防水层的烟气管焊上，通过烟气发生器把一些染过色的烟气从屋面防水层的背后挤压进去。在渗漏部位可观察到逸出的烟气，并可确定破损位置。如果水已经渗入绝热层，可直接通过烟气管对绝热层进行干燥，然后必须把烟气管的管口重新焊上。此方法优点在于检查无需用水即可进行，避免由于绝热层湿透而引起的弊端。

综上所述，检查种植屋面防水性能常用 4 种方法，积水法和喷淋法简便易行，检查成本低，但也有弊端。一般在渗水情况下用积水法和喷淋法无法准确查明渗漏位置；处在下面的绝热层会被全部浸湿，必须进行干燥的处理，增加建筑构造层清除和重建的费用。

33 种植屋面排（蓄）水材料如何选择？

种植屋面的排（蓄）水层材料品种较多，为了减轻屋面荷载，应尽量选择轻质材料，建议优先选用塑料、橡胶类凹凸型排（蓄）水板或网状交织排（蓄）水板材料。排（蓄）水材料有天然砾石、人工烧制陶粒、塑料排水板和橡胶排水板等。

1）卵石可作为排水层的材料，堆积密度 2000kg/m^3 以上，几乎不贮藏水分。

2）熔岩和浮石为多孔的天然石，堆积密度 1000kg/m^3 左右，其多孔结构能在内部

贮存水分，饱和水状态下的密度仍小于砾石。

3）由陶粒、泡沫玻璃和砖瓦等建筑材料作为排水材料，例如陶粒排水层陶粒粒径不应小于 25mm，堆积密度不宜大于 800kg/m^3，铺设厚度宜为 100 ～ 150mm。其优点是价格低廉，排水性好；缺点是保水性差，排水层重量大（卵石为 1800kg/m^3），对屋顶荷载要求高，且因排水层厚度大，周边维护墙相对高度增加，施工难度加大。

4）塑料排水板主要有聚苯乙烯、聚乙烯制成的排水板，聚乙烯泡沫垫，聚氨酯泡沫垫等排水材料。在形状设计上，采用凹凸变化的特殊设计，使得排水板在凹槽部分可贮存一定的水分，通过蒸发作用渗入到种植基质中以供植物使用。塑料排水板作排水层材料，其优点是具有较好的蓄水能力，抗压性强，排水性好，板体轻薄，容易搬运，施工便捷。可根据土壤厚度选用不同规格的板体，对屋面防水层可起到一定的辅助保护作用（图 1–14）。

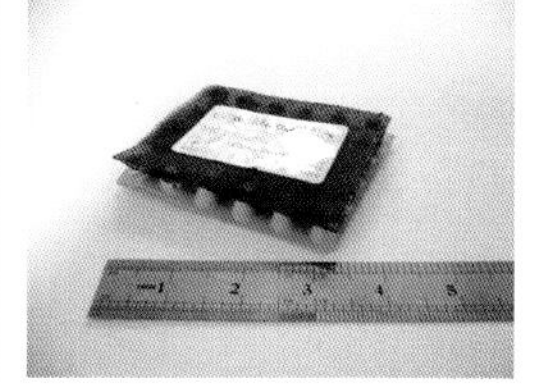

图 1–14　塑料凹凸型排（蓄）水板种类图

图 1–15　聚酰胺网状交织排（蓄）水板种类图

5）塑料网状交织排水板由丝状体聚酰胺材料制成。其作为排水层材料，优点是具有较好的排水能力，抗压性强，板体轻薄，容易搬运，施工便捷；可根据土壤厚度选用不同规格的板体；适合于以排水为主的种植屋面或地下设施覆土绿化。其缺点是保水性差，灌溉要求高。根据使用材料和规格不同，价格不等（图 1–15）。

34 什么情况下种植屋面需要设置排水层，应该注意什么？

1）种植屋面（商业裙房屋顶）：

① 土层厚度大于或等于 15cm——需要设置排水板；

② 土层厚度小于 15cm——不需要设置排水板；

③ 注意与屋面找坡和排水系统的结合（树池等排水注意贯通）。

2）地下室顶板种植：

① 考虑地下水位与顶板关系——根据情况确定（例如地下水位高于顶板标高就无需设置排水层，而地下水位远远低于顶板标高，应设置排水层）；

② 是否与自然地坪直接接壤——具体情况具体分析（例如构筑物顶板上覆土完全或绝大多数部位不与自然地坪接壤就必须设置排水层）；

③ 找坡情况与排水系统关系（国际标准规定 1% ~ 2%）；

④ 树池等设施排水贯通问题——注意贯通。

35 种植屋面隔离过滤材料有什么实际作用？过滤层材料如何选择？

设置过滤材料的目的是防止种植屋面种植基质随浇灌和雨水而发生流失，从而影响种植基质的成分和养料，同时易造成建筑屋顶排水系统的堵塞，使得整体建筑出现排水不畅。

种植屋面过滤层材料主要为无纺布（非织造布），是将纺织短纤维或者长丝进行定向或随机撑列，形成纤网结构，然后采用机械、热粘或化学等方法加固而成。无纺布材料单位面积质量用 g/m^2 表示。如果单位克数太小，过滤层材料过薄，施工当中很容易损坏，起不到阻止种植基质流失的作用；如果单位克数太大，过滤层材料过厚，又容易造成过滤层材料渗滤水速度太慢，从而不利于屋面排水。经过种植屋面施工案例的调查，同时对比不同屋顶绿化的后期使用效果，适合于种植屋面的过滤层材料，单位面积质量要求在 150 ~ $300g/m^2$ 之间。

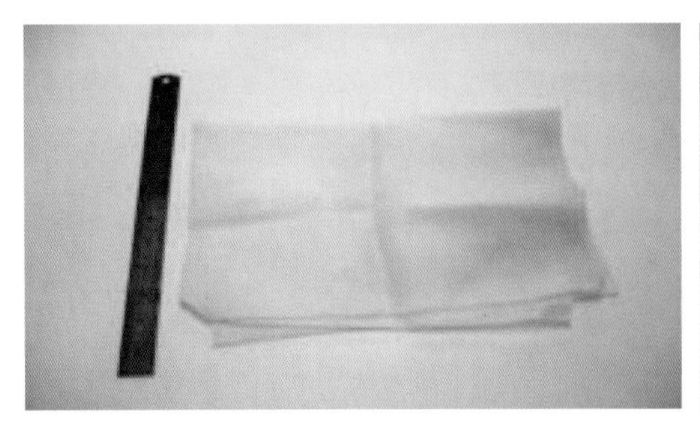
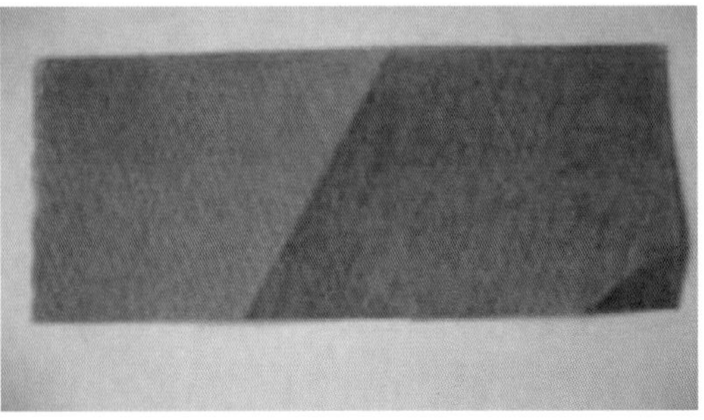

图 1–16　过滤材料（过滤布）的不同种类

36 种植屋面种植基质的特性是什么？

1）种植屋面种植基质应是经过改良的混合土壤或人工基质，绿化必须要满足实际的建筑承载力。在进行绿化设计和施工前，必须掌握原有建筑的技术数据和资料，征询原建筑设计师的意见，必要时应对建筑的承重结构进行加固。

2）种植基质必须具有保肥缓释功效。由于种植屋面植物不接地气，全部生命周期仅仅在种植基质上完成，所以所选用的基质不仅要求肥力满足植物生长要求，还要具有缓释性，即在特定的时间周期内都具有释放肥力的能力，以利于植物的永久性生长，减少对养护管理资金的投入。

37 种植屋面种植土的最小土深厚度是如何限定的，依据是什么？

根据北京市园林科学研究院 2004—2006 年承担的北京市科委“屋顶绿化研究与示范”课题研究成果表明，种植屋面 300mm 平均覆土深度对建筑保温隔热性能最有效，热通量变化保持恒定。由此综合建筑节能、节材、节省建筑荷载及造价等多方位考虑，建筑种植屋面平均覆土厚度应按简单式种植屋面不得少于 100mm、花园式种植屋面不得少于 300mm 实施最低土深限定，并根据所种植的乔木大小和建筑荷载要求，按现行行业标准 JGJ 155—2013《种植屋面工程技术规程》及国内各省市的种植屋面地方标准、规程执行。

38 种植屋面如何满足种草和种树对于种植土厚度的不同要求呢？

目前种植屋面工程常规做法均采用微地形处理或砌筑种植池方式，来解决草坪地被和乔灌木不同的种植土深度要求，既减少建筑荷重，又节省垂直运输成本。简单式种植屋面平均覆土深度不小于 100mm，花园式种植屋面平均覆土深度不小于 300mm 即可。

例如，某部委种植屋面平均土层厚度 200mm，草坪地被覆土 150mm 土深，龙柏（高度 2.5m）和花灌木等均通过砌筑种植池进行栽植，覆土厚度 500mm；某商用建筑种植

屋面平均覆土深度 300mm，则是通过起微地形至土深 400 ～ 600mm，满足小乔木和灌木种植覆土深度要求。

39 种植屋面栽植植物所能忍受的最薄土层是多少？

南北方因温度、土壤差异，有所不同，南方 2 ～ 3cm 即可，北方稍厚。研究植物能忍受的最薄土层为 5cm，但一般要求 10cm 以上，太薄的土层无法长期提供植物生长所需营养，土层过薄使得阳光容易直射，水土更容易流失，因此土层不宜过薄。

40 什么是屋顶植被层？

植物选择与种植是种植屋面中最重要的一个环节，其他所有措施的目的都是为了屋顶上植物的成活和生长。种植屋面植物的正常生长受许多因素的影响，如基质厚度、屋面倾斜角度、光照和局部小气候等。在绿化种植中，要全面了解植物本身的特性，了解植物对生长环境及维护管理的要求，做到合理地选择利用植物，使功能和种类的选择恰当地结合起来。

图 1–17　屋顶植被层

简单式种植屋面以地被为主，如佛甲草、宿根花卉等组成；花园式种植屋面植被层中小乔木、花灌木、草本、地被等植物较为丰富；地下室顶板绿化植被层要求与地面绿化相同，有乔灌草复层搭配，要求植被层以大树为骨架。

41 花园式种植屋面植物选择有什么限制？

花园式种植屋面对植物选择的限制较小，在植物选择上和地面绿化相似。因为理化性质好的基质加上正常的养护，为花园式种植屋面创造了有利条件。和地面绿化相比，种植屋面植物要求喜光和抗风能力强，特别是在较高的建筑物上。在植物配植时，以小型乔木、灌木和草坪、地被植物组成的复层结构为主。乡土植物和引种成功的植物应占绿化植物的 80%以上。种植时应形成长期郁闭的状态，阻止外来竞争植物的生长，

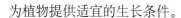

为植物提供适宜的生长条件。

42 简单式种植屋面植物选择有什么限制？

和花园式种植屋面相比，简单式种植屋面不需要植物处于最佳生长状态，不需要植物有年最大生长量，因此也不必提供最佳的生长环境。选择植物时注意以下要点：

1）以低成本、低养护为原则；

2）要适合在日照强烈，风力较大而且比较干旱的地方生长；

3）所用植物的滞尘和控温能力要强；

4）根据建筑自身条件，尽量达到植物种类多样，绿化层次丰富，生态效益突出；

5）在植物选择时，也要考虑后期的养护管理条件，要根据维护的方法和时间等因素来选择合适的植物种类。

43 种植屋面设置园林小品有哪些注意事项？

为提供游憩设施和丰富种植屋面景观，可根据屋顶荷载和使用要求，适当地设置景亭、花架等园林小品。园林小品设计要与周围环境和建筑物风格相协调，适当控制尺度，并注意应选择在建筑承重位置设置。材料选择应质轻、牢固、安全。施工中与屋顶楼板的衔接处要单独做防水处理。种植屋面的园林小品种类包括水景、景亭、花架、景石、雕塑、园路铺装、座椅和种植池等。

44 什么是屋顶种植池？它与容器种植有什么区别？

屋顶种植池是用于种植屋顶花园植物的，是不可移动的屋面构筑物，也称为树池。其最大的特点是不可以搬运、移动，施工操作较为复杂。而容器种植是指在可移动组合的容器、模块中种植植物，其最大的特点是可以搬运、移动，施工操作简便易行。

屋顶种植池可以通过改变覆土深度种植较大规格的乔灌木，属于永久性种植屋面，通常通过混凝土现场浇筑、砌砖、木箱木桶等方式来制作。而容器种植考虑到容器搬运的轻便，通常覆土较少，植物一般选用低矮的一二年生、多年生草本地被植物或宿根花卉，或耐干旱、耐瘠薄的景天科植物。

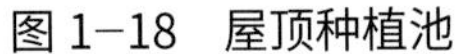
图 1-18　屋顶种植池

图 1-19　容器种植

45 什么是缓冲带？为什么要设置缓冲带？

缓冲带是指在种植土与女儿墙、屋面凸起结构、周边泛水及檐口、排水口等部位之间，起缓冲、隔离、滤水、排水等作用的地带（沟），一般由卵石、陶粒等构成。将屋面水落口、雨水观察井等构件与种植区域隔离开，以防止植物生长引起以上构件的阻塞。缓冲带是排水通道、安全保护通道、养护通道，通常在防水的节点位置、防水收边位置等薄弱环节设置，保证该区域防水正常运行。

图 1-20　缓冲带

46 建筑物内部格局（梁柱分布）对于种植屋面设计的影响有那些？

建筑物内部格局，尤其是梁柱的分布，对种植屋面的布局有较大影响。种植屋面设计时，首先要取得建筑的梁柱分布图，梁柱的部分可承受的荷载较大，可以借助梁柱的分布做种植池，铺设铺装、小品，可以放置较大荷载的构件。反之，如果忽略梁柱分布，可能使得局部荷载分配缺乏安全合理的科学依据而引发危险。

47 种植屋面是否需要设置灌溉系统？

灌溉是为了弥补自然降水在数量上的不足与时空上的不均，保证适时适量地满足

种植屋面植物生长所需水分的重要措施。以往的种植屋面工程，很多没有配套完整的灌溉系统，灌水时只能采用大水漫灌或人工洒水，不但造成水的浪费，而且往往由于不能及时灌水、过量灌水或灌水不足，难以控制灌水均匀度，对屋顶植物的正常生长产生不良影响。因此，采用高效的灌水方式势在必行。

种植屋面因种植基质层较薄，导致灌溉渗吸速度快，基质容易干燥，因此要求灌溉采用少量频灌法灌溉。为了提高灌溉质量，种植屋面灌溉主要有微喷技术、微灌技术和滴灌技术。

图 1–21　种植屋面滴灌设施

48 种植屋面是否需要设置照明系统，应该注意什么?

灯光照明会使种植屋面的夜景引人注目，造型优美的灯具也有很好的装饰效果。种植屋面根据功能要求来决定需不需要设置照明系统。例如营业性屋顶或有夜间活动要求的种植屋面必须设置灯光照明。灯具选择以小型太阳能草坪灯、射灯、壁灯为主，避免选用大型庭院灯。

应该注意的是，在种植屋面规划设计阶段就要考虑好照明系统的设置。在施工中，安装防水、种植基质等材料前先安装电线管道系统，就可以避免后期重新挖掘种植土和移栽、恢复绿化植物。使用陶粒等排水材料时，电线管道安装在屋顶表面上，隐藏在排水层和种植层的下面。如果使用塑料排水板，可以将电线管道和灌溉管道安装在排水材料的表面上，并在上面填种植土。屋顶照明系统应采取防水、防漏电措施。

灯具固定时要保证建筑防水的安全性。最好将灯具和建筑构筑物、园林小品，如

花架、围栏等结合起来，或设置独立的灯具基础，以减少对防水层的破坏，降低施工难度。需要穿过防水层固定灯具时，必须在施工后对防水修补好。

现在种植屋面经常使用一种太阳能灯具。这种灯具依靠白天收集的太阳能用于夜晚照明，不用铺设电源线，固定简便，但照度有限，可用于要求不高的照明需求。简单式种植屋面原则上不设置夜间照明系统。

图 1–22　太阳能草坪灯

图 1–23　壁灯

49 种植屋面的安全和完成质量非常重要，需要从哪些环节、哪些关键点进行把控？

种植屋面中的关键点为建筑荷载安全、女儿墙防护安全、排水安全、防水质量、养护质量等关键点。需要从项目前期、设计期、施工期和后期养护几个环节进行把控。

1）项目前期需要通过建筑相关专业检测待建建筑的建筑结构、荷载等关键数据和建筑结构图纸等材料，并且对待建屋顶进行实地勘察，将出入口形式、女儿墙高度、排水方式、防水情况、设备状况等条件搞清楚，作为种植屋面建设的前期保证。

2）设计阶段需要对安全技术关键点重点把握。如质量较大元素的位置应放置在承重点附近，设计增加的平均重量不超过建筑荷载，女儿墙的高度、与女儿墙之间的安全尺度、排水口等细节的处理，使用材料的属性等安全和质量相关的重点环节。

3）施工阶段是安全和质量把控的重要阶段，需要甲方、设计师、监理与施工方通力配合，更需要施工方注意细节。如堆料的位置应当均匀散开，不能集中堆放，防止重量过于集中；施工过程中注意对防水层的保护等。

4）施工后对使用方提出安全使用和养护要求，以确保种植屋面的长效保持和使用安全。

50 种植屋面地势高耸，极易遭受雷击破坏，如何防治种植屋面植物的雷击伤害？

雷击可以造成植物烧焦、劈倒或顶梢灼伤。对于容易遭受雷击伤害的高大植物，须尽早安装避雷设施，对于雷击造成的伤口应检查辨别，伤害严重的植物应予以更换，不是特别严重的植物应立即救助，如对伤口及时修补、消毒、涂漆，防止雨水浸泡腐烂滋生病虫害，在植物根部施用速效肥料，促进植物恢复生长。

51 种植屋面极易遭受暴雨暴雪的侵害，如何防治种植屋面的雨雪侵害？

1）建筑设计对屋顶留有防范雨雪压力的活荷载，种植屋面的设计中应注意不得占用这部分活荷载，以免暴雨雪带来的荷重对建筑本身造成损害。

2）暴雨另外带来的侵害就是瞬间排水量的大幅增大，这要求种植屋面的设计施工时要充分考虑排水通畅，设计排水板、排水沟和排水口，并保持这些排水设施的整洁高效。

3）暴雪会超过植物承载能力造成压断枝干等伤害，应在雪前对植物大枝设立支柱，过密枝条进行适当修剪。在雪中和雪后应采取人工办法，去除枝叶上的积雪和冰凌，在一定程度上防止伤害。

52 现在有很多学校都建造种植屋面，对学校来说种植屋面有什么意义？

1）凸显校园文化。校园的教学宗旨、鲜明的校园文化会影响并传递到每个学生。种植屋面是小尺度、高技术、特殊空间、重设计的精品园林景观设计，更能在设计理念及设计细节上凸显校园的文化和办学理念。

图 1-24　校园种植屋面凸显文化、生态与环保

2）美化校园环境。校园可

用来绿化的地方非常有限，在校园建设种植屋面可以增加校园的绿化面积，提高绿化率，提升校园的生态效益，还可以使校园的绿化以及景观形成多层次立体化的效果，并能将校园建筑和校园绿化环境更好地融为一体，为师生提供更好的生态环境。人性化、合理化的屋顶景观设计也会给师生营造一个良好的学习、交流氛围。

3）增加校园活力，扩展校园教学及活动的空间，增加多元化的教学方式。屋顶所在的特殊位置，可利用其特殊性进行生态、绿化、环保、安全、气候气象等多方面的教学。

4）对学生的心理和行为产生积极的影响。环境能够对儿童产生深远的影响，相应年龄阶段的学生处在相适应其年龄的环境中，更能激发他们的潜能。种植屋面作为更加贴近师生的校园环境的一个重要环节，合理人性的设计能够给师生创造更好的学习环境，能够陶冶情操、娱乐身心，还能熏心启智、激发灵感、催人奋进，有助于学生们的健康成长。

53 种植屋面推动的瓶颈是什么？

1）大众的认识。目前还有很多人对种植屋面存在误区，经常听到“种植屋面太沉会不会塌？刮风会不会掉下来？费不费水？会不会漏水？会不会有人跳楼？”等问题。其实种植屋面和大多工程一样，在严格按照规范要求和科学依据的条件下是没问题的。有的地方政府还会以偏概全，因为一两处违规屋顶建设而影响对整个行业的认识。

2）技术的复杂。种植屋面建设之前需要进行屋面的荷载检测、防水闭水试验、女儿墙、排水、出入口等规定要求、复杂的设计技术点等技术含量较高的环节，需要专业人士进行检测和设计。对于一般的单位和大众较难做到这点。

3）利润不够。种植屋面设计和施工都需要考虑比地面景观工程更多的技术细节和影响因素，复杂系数非常高，并且需要很多的新材料、新技术、新工艺的支持才能发展。但是目前的种植屋面设计取费和施工审计仍以地面景观工程的标准来衡量，而种植屋面的面积相对地面景观工程小很多数量级，导致设计方和施工方对种植屋面的建设投入精力不够。

4）政府的支持。政府的支持力度有待提高，并且需要各级政府的支持，既需要政策的扶持，也需要地方政府的配合实施。

二 设计类

一　基础知识类
二　设计类
三　施工类
四　养护管理类
五　工程质量监理与验收类
六　工程造价类
七　试验检测类

54 简式种植屋面和花园式种植屋面的主要特征和适用范围有什么不同？

1）简式种植屋面（也叫做简单式屋顶绿化 Extensive roof greening）：是利用低矮灌木或草坪、地被植物进行的简单屋顶绿化，通常不设置园林小品等设施，也不允许非维修人员活动。建筑静荷载要求应大于 1.0kN/m^2。

2）花园式种植屋面（也叫做花园式屋顶绿化 Intensive roof greening）：是根据屋顶具体条件，利用小型乔木、低矮灌木和草坪、地被植物进行屋顶绿化植物配置的复杂绿化，通常设置园路、座椅和园林小品等，可以在建筑屋顶提供一定的游览和休憩活动空间。建筑静荷载要求应大于 3.0kN/m^2。

表 2-1　种植屋面类型

类型	简式种植屋面	花园式种植屋面
主要特征	利用低矮灌木或草坪、地被植物进行屋顶绿化，不设置园林小品等设施，一般不允许非维修人员活动的简单绿化	根据屋顶具体条件，选择小型乔木、低矮灌木和草坪、地被植物进行屋顶绿化植物配置，设置园路、座椅和园林小品等，提供一定的游览和休憩活动空间的复杂绿化
适用范围、特点	①建筑静荷载≥ 1.0kN/m^2，可以解决旧建筑屋顶荷载小、防水薄弱、灌溉不便、管护不利等问题； ②构造层厚度 25 ～ 40cm，屋面排水坡度必须小于 10%	①建筑静荷载≥ 3.0kN/m^2，可以充分发挥种植屋面的生态效益，提高人在屋顶活动的舒适性； ②构造层厚度 25 ～ 100cm，屋面排水坡度必须小于 10%； ③种植屋面面积应占屋顶总面积的 60% ～ 70%； ④乔灌木：草坪地被植物＝ 6：4 或 7：3

图 2–1　简式种植屋面

图 2–2　花园式种植屋面

55 简式种植屋面和花园式种植屋面有哪些设计形式？

所有的建筑屋顶都必须根据建筑荷载、建筑风格、使用功能、使用人群、后期运营的需要、养护管理水平等因素，来决定种植屋面的景观设计手法和园林布局的形式。

1）简式种植屋面主要包括全覆盖式绿化、固定种植池绿化和可移动容器绿化。

① 全覆盖式绿化，覆土厚度多为 10 ~ 20cm，是指建筑屋顶比较整洁，没有太多构筑物或设备，屋顶总面积的 80% 以上可以做到绿色植物覆盖，或基本上做到满覆盖的种植屋面。其目的是尽可能地发挥种植屋面在降温、增湿、滞尘、截留雨水、保护建筑屋顶结构材料等方面的作用，从而达到节能减排的生态功效。

图 2–3　全覆盖式绿化

② 固定种植池绿化，覆土厚度多为 30 ~ 60cm，是指根据建筑屋面荷载的要求和植物配置的需要，按照设计图纸，采用混凝土和砖石等建筑材料，在屋顶提前预制不可移动的种植池（也叫做种植槽），种植池大小可以根据种植植物的大小来“量身定做”，目的是更好地固定植物，一般栽植小乔木或大灌木等屋顶花园点景所需的观赏植物。

图 2–4　固定种植池绿化

③ 可移动容器绿化，又叫做组合式绿化或装配式绿化，绿化覆土厚度要求在 10cm 以上，是指使用塑料预制的、不同规格的、底部有排水构造并可连续组合的轻型种植箱体，箱体内辅以一定

厚度的轻型种植基质，在苗圃里完成工厂化育苗和种植，根据设计图纸和施工要求，在屋顶上一次成型组合拼装完成。可移动容器绿化还可以根据箱体的规格大小来选择种植草坪地被、灌木和小型乔木，组合成花园式种植屋面，可移动的种植箱体的拼装有利于将种植屋面从繁缛复杂的施工工序中解放出来，减少对建筑屋顶现状条件的干扰和破坏，对于建筑屋面防水的影响降到最低，是当前国内装配式建筑大发展引导下的新型种植屋面形式，未来市场前景广阔。

图 2–5　可移动容器绿化

2）花园式种植屋面主要包括自然式园林布局、规则式园林布局和混合式园林布局三种形式，覆土厚度要求 30cm 以上。实际案例当中，无论是自然式、规则式和混合式，花园式种植屋面都较简式种植屋面有更高的景观稳定性和更好的生态效益，园林布局和植物造景更加自然，景观更加丰富多变，铺装及园林小品的材料可选择的范围也更广，对屋顶防水层和设备能达到更好的保护作用。当然，其后期养护成本也较之于简式种植屋面更高，工序更复杂。

56 种植屋面的景观布局跟周围的环境有什么关系吗？

屋顶的不同朝向、不同高度都是景观布局时需要注意的问题，甚为重要。不同朝向，建筑屋顶的光照和风阻区别很大，对于应选择用什么样的植物有很大的影响；不同高度，建筑屋顶所需要注意的环境因素也很复杂。

如果屋顶周围环境有高视点，可以形成俯视，那么屋顶绿化景观设计布局就要充分考虑鸟瞰效果，园林布局要有一定的图案感，简洁大方；铺装设计要醒目亮丽，园路自然流畅，绿化色彩明快、搭配合理，让高层的人足不出户即可感受到室外鸟语花香、绿意盎然的美景。此外，屋顶四季景观也要相对丰富，尤其是北方地区冬季屋顶景观单调，铺装园路是重要的色彩构成。

如果屋顶周围有更高一层建筑紧邻屋顶，且建筑立面开窗，这种情况下则需要特别考虑建筑室内采光问题，尽量不在窗户附近种植影响光照的高大植物，同时也要考虑室内的观赏角度和私密空间的视线遮挡，留出一定的景观透视线。

如果屋顶周围有更高一层建筑紧邻屋顶，且建筑立面不开窗，这种情况下应根据建筑立面的朝向，采取垂直绿化的方式美化墙面，最大限度地增加屋顶的可视绿量，突出生态效益。

57 都说种植屋面景观设计的核心是建筑安全，为什么这样说？

的确如此。种植屋面的景观营造必须遵循安全性原则，种植屋面设计的核心是建筑安全。具体来讲，就是必须保证建筑荷载的安全。在满足建筑荷载安全的前提下，才能够进行种植屋面的景观设计，这是保证种植屋面后期持续健康有效运营的关键。因此说，掌握建筑屋面荷载的知识至关重要。建筑屋面通常所说的荷载是通过屋顶的楼盖梁板传递到墙体、柱体以及基础上的荷载，其中包括了活荷载（又叫做可变荷载）和静荷载（又叫做恒荷载）。建筑活荷载是施加在结构上的由物料、交通工具、人群引起的使用或占用荷载和自然产生的自然荷载，例如屋面活荷载、屋面积灰荷载、雪荷载、风荷载、裹冰荷载、活动机械荷载等；建筑静荷载是指不随时间变化的荷载，例如设备自重、构件本身自重、水压力、土压力等。

种植屋面设计一般不能占用建筑活荷载部分，只允许使用建筑静荷载部分。建筑荷载安全还包含设计阶段荷载安全、施工阶段荷载安全和运行后的建筑荷载安全。对于建筑荷载全过程的控制和管理，就是为了保障种植屋面建设的安全、健康、可持续。

58 设计阶段、施工阶段和运行阶段荷载应分别注意什么问题？

1）种植屋面设计阶段，需要根据屋顶的荷载，准确核算各结构层材料的重量，包

括两道防水层、保护层、排（蓄）水层、过滤层、铺装、种植基质层（饱和水容重）、植物荷载等。

植物荷载应包括初栽植物荷重和植物生长期增加的可变荷载。植物初栽时的荷重见表 2–2。

表 2–2　植物初栽时荷重

项目	小乔木（带土球）	大灌木	小灌木	地被植物
植物高度或面积	2.0 ～ 2.5 m	1.5 ～ 2.0 m	1.0 ～ 1.5 m	1.0m²
植物荷重	0.8 ～ 1.2kN/ 株	0.6 ～ 0.8kN/ 株	0.3 ～ 0.6kN/ 株	0.15 ～ 0.3kN/m²

2）种植屋面工程施工阶段，需要计算施工人员、施工器械以及应用材料的重量，并确定施工材料的堆放位置、数量以及施工步骤。

图 2–6　拆除渣土砖石分散堆放并及时下楼

3）种植屋面运行阶段，种植屋面在投入使用前还需要根据已完成的屋面工程所占用的屋面荷载，计算剩余荷载，并提出单次可容纳人员的参考值。

对于既有建筑而言，在种植屋面改造设计前一定要对屋面进行荷载检测，以保证建筑安全。

59 种植屋面的铺装园路面积控制在多少合适?

JGJ 155—2013《种植屋面工程技术规程》中明确提出，花园式种植屋面的铺装园路面积占绿化屋顶面积不超过总面积的 12%；简式种植屋面的铺装园路面积占绿化屋顶面积不超过总面积的 10%。种植屋面建议性技术指标见表 2–3。

表 2-3 种植屋面建议性技术指标

种植屋面类型	项 目	指标（%）
简式	绿化屋顶面积占屋顶总面积	≥ 80
	绿化种植面积占绿化屋顶面积	≥ 90
花园式	绿化屋顶面积占屋顶总面积	≥ 60
	绿化种植面积占绿化屋顶面积	≥ 85
	铺装园路面积占绿化屋顶面积	≤ 12
	园林小品面积占绿化屋顶面积	≤ 3

60 种植屋面有哪些构造层次？简式、花园式和地下室顶板设计构造层次有何区别？

种植屋面的基本构造层次有些复杂，按照从上到下的排序，分别为植被层、种植土层（也称为种植基质层）、过滤层（以聚酯纤维无纺布为主）、排（蓄）水层、防水保护层（包括以聚酯纤维无纺布为主的柔性保护层和以细石混凝土为主的刚性保护层）、耐根穿刺防水层、普通防水层、找坡（找平）层、绝热层、屋面基层等。根据我国各地区的气候特点、屋面形式和植物种类等情况的不同，种植屋面构造层次可以进行一定程度的增减。

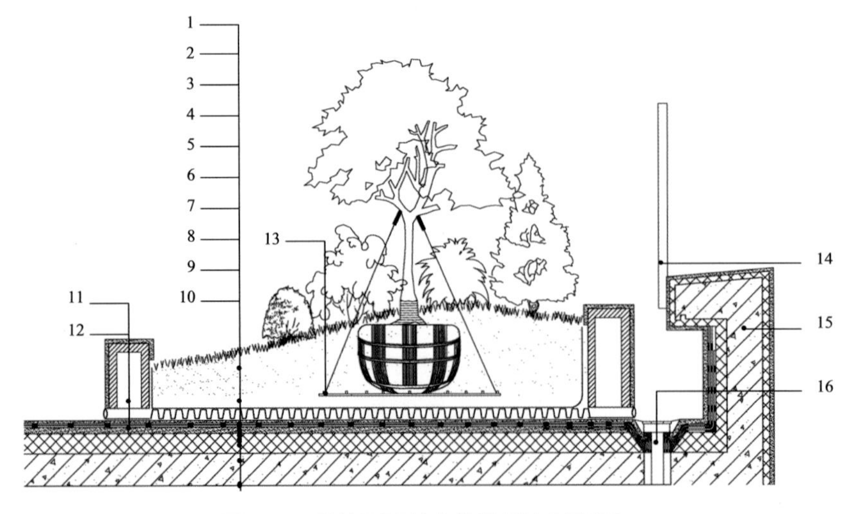

图 2-7 种植屋面基本构造层次示意图

1—植被层；2—种植基质层；3—过滤层；4—排（蓄）水层；5—防水保护层；6—耐根穿刺防水层；7—普通防水层；8—找坡（找平）层；9—绝热层；10—屋面基层；11—种植围挡（挡土墙）；12—排水管（孔）；13—树木固定设施；14—安全护栏；15—女儿墙；16—水落口

简式、花园式种植屋面在北方少雨地方应设置排（蓄）水层，南方多雨地区以“排”为主，故只设置排水层即可；而地下室顶板则根据覆土厚度的不同考虑设置排（蓄）水层或是设置仅仅以“排”为目的的排水层。

61 种植屋面的主要构造层分别都有什么作用？

种植屋面的主要构造层作用分别列述如下：

1）普通防水层：建筑屋面整体防水的基础层；

2）耐根穿刺防水层：既能防水，又能阻止植物根系破坏防水层；

3）防水保护层：屋面防水层容易被尖刺物刺伤受损，也容易因为日光曝晒等原因造成起鼓龟裂，需要在防水层上加设防水保护层来提高防水材料的使用年限；

4）排（蓄）水层：有两方面的作用，一方面是保持屋面排水通畅，增加种植基质层的排水效率；另一方面是蓄存一定量的水分，供植物吸收生长；

5）过滤层：是在种植基质层与排（蓄）水层之间加设的，又叫做隔离过滤层，目的是阻隔种植基质随水冲走，堵塞排（蓄）水层，造成排水不畅，同时避免种植基质的流失；

6）种植基质层：种植屋面所采用的种植基质有别于地面绿化的种植土，轻量化、透气性好、排水性好、肥力可控是关键，因此，一般采用由田园土、排水材料和轻质骨料等配比而成的有机种植基质，或完全采用轻型无机种植基质；

7）植被层：适合屋顶生长的植物，一般为耐旱、耐瘠薄、耐热、综合抗性强的植物，如景天科植物等；

8）覆盖层：轻型种植基质由于容重小，遇大风暴雨容易风跑流失，必须用覆盖材料起到稳定固着的作用，覆盖材料多为有机覆盖物、火山岩粒、陶粒、树皮等。

62 种植屋面绝热层材料应该怎样选用？

根据北京市园林科学研究院2006年所承担的北京市科委“屋顶绿化技术研究与示范”课题的研究成果表明，当种植屋面覆土达到30cm（含）以上，种植屋面的绝热性能十分显著，因此，屋顶绿化对于建筑屋面的保温隔热是非常有利的。但是，由于建筑种植屋面很难做到全覆土绿化，屋顶即使绿化，也仍然会有一些构筑物、设备及适

当的园路铺装等产生冷桥现象，因此，种植屋面对屋面绝热层的功能具有加强作用，但还是不能取代绝热层。种植屋面绝热层应该选用密度小、压缩强度大、导热系数小、吸水率低的绝热材料。种植屋面保温隔热材料的密度不宜大于 100kg/m^3，压缩强度不得低于 100kPa；在 100kPa 压缩强度下，压缩比不得大于 10%。

种植屋面绝热层材料一般可采用喷涂硬泡聚氨酯、硬泡聚氨酯板、挤塑聚苯乙烯泡沫塑料保温板、硬质聚异氰脲酸酯泡沫保温板、酚醛硬泡保温板等轻质绝热材料，不得采用散状绝热材料。其中，如果采用喷涂硬泡聚氨酯和硬泡聚氨酯板作为绝热材料，其主要性能应符合现行国家标准 GB 50404—2017《硬泡聚氨酯保温防水工程技术规范》的有关规定；如果采用挤塑聚苯乙烯泡沫塑料保温板作为绝热材料，其主要性能应符合现行国家标准 GB/T 10801.2—2002《绝热用挤塑聚苯乙烯泡沫塑料（XPS）》的有关规定；如果采用硬质聚异氰脲酸酯泡沫保温板作为绝热材料，其主要性能应符合现行国家标准 GB/T 25997—2010《绝热用聚异氰脲酸酯制品》的有关规定；如果采用酚醛硬泡保温板作为绝热材料，其主要性能应符合现行国家标准 GB/T 20974—2014《绝热用硬质酚醛泡沫制品（PF）》的有关规定。

63 种植屋面找坡层材料应怎样选用？

种植屋面找坡层的材料很多，但主要遵循如下的选用要求：

1）屋面找坡材料应选用密度小并且具有一定抗压强度的材料；

2）当屋面坡长小于 4m 时，宜采用水泥砂浆来找坡；

3）当屋面坡长为 4 ～ 9m 时，可采用加气混凝土、轻质陶粒混凝土、水泥膨胀珍珠岩和水泥蛭石等材料进行找坡，也可采用结构来找坡；

4）当屋面坡长大于 9m 时，应采用结构找坡。

64 种植屋面为什么要注重防水设计，有什么具体要求？

种植屋面使原建筑防水层处于种植基质和植被层的保护之内，不再受到阳光的曝晒，从而可大大延长防水层的使用寿命。但是，屋顶植物的生长又有可能因为根系的侵入，造成屋面防水层的失效，发生渗漏问题。因此，种植屋面必须注重防水设计，具体要求如下：

1）种植屋面防水层应满足一级防水设防要求，合理使用年限不应少于 20 年。为确保屋顶结构的安全，种植屋面前应在原屋顶基础上进行二次防水处理，并且防水层必须要使用耐根穿刺的防水材料。

2）种植屋面要充分考虑种植土冻胀对建筑立墙的预应力。为满足建筑立面保洁和防水的需要，种植区域不能直接靠近建筑立墙或女儿墙，应根据种植屋面设计要求，留出宽度不小于 30cm 的缓冲带加以隔离。

3）防水的薄弱环节如出屋面管道口、水落管等，都应该满足管道的功能要求，种植面不宜直接靠近出屋面管，也应根据不同的设计要求，留出宽度不小于 30cm 的缓冲带。

4）屋面水池等园林工程设施，必须采用单独的防水系统。

5）园林绿化施工一定要严格按操作规程施工，注意保护屋面的防水层不被损坏。

图 2–8　结构层紧贴女儿墙，存在隐患

图 2–9　预留缓冲带，安全美观

65 JGJ 155—2013《种植屋面工程技术规程》中，对于普通防水层与耐根穿刺防水层是如何规定的，为何将其设为强制性条文？

JGJ 155—2013《种植屋面工程技术规程》中强制性条文规定，种植屋面防水层应满足一级防水等级设防要求，且必须至少设置一道具有耐根穿刺性能的防水材料，以保证屋顶结构安全。

由于种植屋面工程一次性投资大、维修费用高，而植物根系对防水层确有一定的穿刺性，若一旦发生了因植物根系穿刺造成的防水渗漏，不易查找渗漏源，更会因为防水层的重修造成原有屋顶绿化设施的废除和清运，工程难度大。因此，JGJ 155—2013《种植屋面工程技术规程》修订版在 JGJ 155—2007 版的基础上，规定了种植屋

面防水层应满足一级防水等级要求，且种植屋面必须要有一道耐根穿刺防水层，并且作为强制性条文发布，以便引起种植屋面各行业的足够重视。

66 种植屋面耐根穿刺防水层材料应该怎样选用?

种植屋面耐根穿刺防水层材料的选择，必须是通过国内的耐根穿刺植物检测机构检验合格的防水材料。国外的耐根穿刺植物相关检测机构建立较早，主要集中在德国、日本和韩国。国内的相关检测机构从 2007 年开始建立。在中国建筑防水协会的大力支持下，目前，国内的种植屋面市场可选择的种植屋面耐根穿刺防水材料很多，截止 2018 年 1 月 4 日，通过国内检测的防水产品共计有 156 种，其中包括有 SBS 改性沥青类防水卷材、APP 改性沥青类防水卷材、聚乙烯丙纶防水卷材、聚氯乙烯（PVC）防水卷材、聚烯烃热塑性弹性体（TPO）防水卷材、三元乙丙橡胶（EPDM）防水卷材、聚脲等。

67 种植屋面防水保护层采用哪些材料?

种植屋面防水保护层是对防水材料的重要保护，对于屋面后续绿化工程来讲，也是重要的安全保障。一般防水保护层可以采用刚性保护层，也可以选择柔性保护层。目前种植屋面防水工程中常用的保护层做法有：

1）刚性保护层：水泥砂浆、细石混凝土，厚度要求 20 ～ 30mm；

2）柔性保护层：土工布或聚酯无纺布，单层使用，质量要求 300 ～ 400g/m^2；

3）柔性保护层：高密度聚乙烯土工膜，单层使用，厚度要求 0.5 ～ 0.8 mm。

68 如何在做种植屋面之前确认屋顶防水符合防水要求? 防水应当达到什么标准?

种植屋面防水极其重要，种植屋面之前必须确认屋顶防水符合防水要求。住建部行业标准 JGJ 155—2013《种植屋面工程技术规程》中强制性条文要求，种植屋面的防水层需达到一级防水要求，两道防水设防，其中需要一层耐根穿刺防水层，保证植物根系不破坏防水层。防水层不能出现倒茬施工，在种植屋面施工过程中不得以任何形式破坏防水层。

作为景观设计师，在前期踏查屋顶现场时，首先应查看屋顶的防水情况，如防水层有无破损、鼓包、开裂等情况，或楼下有无反映漏水现象等，并根据实际渗漏情况，对于需要重新做二次防水处理的，必须进行耐根穿刺防水处理。新做的耐根穿刺防水层，还需要做 24 ~ 48h 的闭水试验来进行防水性能检测，闭水试验合格后才可以进行下一道工序的施工。

69 种植屋面的女儿墙立面和上层建筑的立面如何处理？

为了保证种植屋面防水安全，屋面在做二次防水处理过程中，防水层在女儿墙和上层建筑立面上要求进行泛水处理，这样做是必需的，但又可能会破坏屋面女儿墙结构和相邻建筑立面原有的面层或绝热层等材料，因此，需要在做完防水层后对其进行结构恢复、景观装饰和防护处理。常用的施工工艺有抹灰涂真石漆、面砖覆盖、景观格栅和攀缘植物种植等。

70 排（蓄）水板在种植屋面中有何作用？

排（蓄）水板在种植屋面中的作用主要有以下两个方面：

1）排水，靠凹凸型结构支撑起过滤层和基质层，将多余的水分从凸面中央的孔隙排到排（蓄）水板凹面并迅速排走；或撑起铺装基础层，便于水分从铺装下方快速排走。排（蓄）水板在屋顶通常采取通铺方式，保证屋面排水系统统一通畅。

2）蓄水，凹凸型结构的排（蓄）水板，凹面槽内能够存取一部分水分，保持土壤湿润，利于植物生长。在缺水干旱的北方地区种植屋面，这是非常重要的保水保墒措施。

图 2-10　凹凸型排（蓄）水板

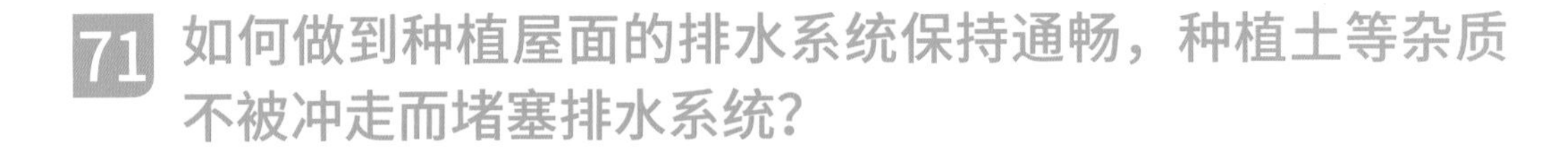

71 如何做到种植屋面的排水系统保持通畅，种植土等杂质不被冲走而堵塞排水系统？

要保证种植屋面的排水系统通畅，而种植土等杂质不被冲到排水层，堵塞排水系统，需要做到以下几点：

1）在排（蓄）水板上预先铺设无纺布材料的过滤层，从而有效过滤种植基质和杂质；

2）在屋面水落口周边铺设砾石或火山岩粒等过滤材料，也能够缓冲和过滤杂质；

3）及时清理屋面的枯枝败叶，减少有可能造成水落口或排水沟堵塞的杂物；

4）在屋面水落口周围做有过滤杂质结构的雨水观察井，定时观察清检杂物。

图 2–11 雨水观察井（开启状态）

72 种植屋面的排（蓄）水层在设计时应掌握哪些知识点？

种植屋面的排（蓄）水层在设计时应掌握以下知识点：

1）种植屋面排（蓄）水层的作用：一是改善种植基质的通气状况；二是可将雨水迅速排出，有效缓解瞬时集中降雨对屋顶承重造成的压力，保证屋面排水通畅；三是排出种植基质层渗出的多余水分，并可蓄存一部分水分，在种植基质层缺水时提供植物所需。

2）排（蓄）水层的材料种类：多采用挤出或吹塑法生产的高密度聚乙烯（HDPE）土工膜。其经特殊工艺压型在土工膜上冲压成封闭突起的半锥状、柱状、半圆状壳体，

形成多种膜、壳连续的材料，特点是具有立体空间和一定的支撑刚度，液体、气体都可以在其内流动排出。

3）排（蓄）水层的品质：材料必须具备通气、排水、储水和质轻、强度大、密度大、科技含量高、耐老化等基本品质，并通过了相关测试。

4）排（蓄）水层材料类型：一是具有排水、蓄水两项功能的排（蓄）水板；二是仅有排水功能的排水板；三是陶砾排水（荷重允许时使用）；四是排水管集中导出式排水（屋顶排水坡度较大时使用）。

5）排（蓄）水系统的配套设施：包括有观察孔和排水孔等。

73 塑料排（蓄）水板和卵石、砾石排水层哪个更适用于种植屋面？

塑料排（蓄）水板质量轻，可以减少种植屋面的荷重，同时也可以蓄存一部分水，用于屋顶水循环使用，搭接方便，施工操作简单，目前在种植屋面应用广泛。卵石、砾石排水材料重量大，但相对来说承重能力强。一般来说，种植屋面可根据情况结合使用。

74 种植屋面设计中经常会提到建筑屋面有内排水和外排水之分，两者的区别是什么？

屋面内排水是指水落口（也叫做落水口）位于屋面的中间部位，基本呈散点状分布于建筑屋面，屋顶排水是通过建筑内部的排水管道及辅助设施，将雨水从建筑内部排走导出。内排水形式的屋顶，种植屋面景观设计要求在种植屋面布局时，为便于检修和观察水落口的排水效果，尽量把水落口隔离在屋面铺装上，这一点设计师要特别注意。如果水落口在绿地种植区，则需要根据种植区土厚度装置雨水观察井作观察和过滤处理，同时以备随时检修，保证屋顶排水通畅。

屋面外排水是指水落口位于屋面的四周，基本呈线条状分布于建筑屋面女儿墙内侧，屋顶排水是通过建筑外立面的外排水管道（也叫做水落管），将雨水直接排到低层建筑屋面或直接排到地面。外排水形式的屋顶，种植屋面景观设计要求将水落口隔离在种植区以外，在种植屋面的绿地与女儿墙之间设置至少 300mm 宽缓冲带，减少种

植屋面对建筑防水的影响，同时还能够使外排水的屋顶提高排水效率。这样对于种植屋面施工来讲也简单易行，不需要另外装置雨水观察井，不会额外增加施工造价和成本。此外，外排水管道上也可以适当做些垂直绿化装饰或增加一些蓄水装置，有利于收集雨水做二次回用。

75 种植屋面排水系统细部设计应符合哪些规定？雨水观察井设计在铺装层上还是绿地内？

种植屋面的排水构造设计一般包括外檐沟排水、天沟排水、坡度排水（不小于 2% 的坡度）等。种植屋面宜采用外排水方式，水落口宜结合缓冲带设置（图 2–12）。

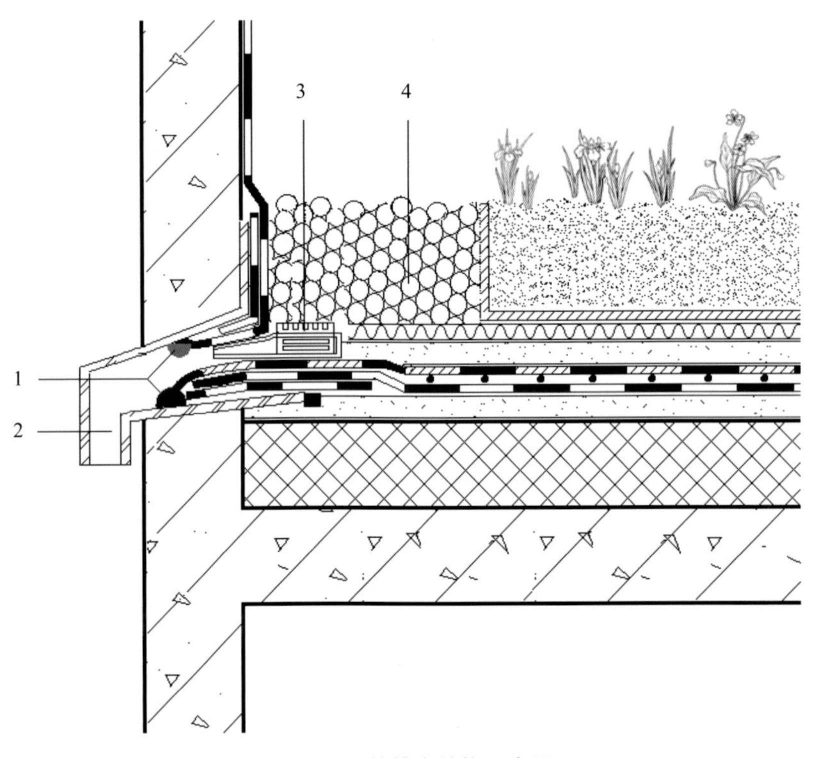

图 2–12　外排水结构示意图

1—密封胶；2—水落口；3—雨箅子；4—卵石缓冲带

雨水观察井的位置取决于屋面水落口的位置，可以在铺装层上也可以在绿地内，但是最好设置在铺装层上，便于观察和检修。屋面排水系统细部设计应满足下列要求：

1）当屋面水落口位于绿地内时，水落口上方应设置雨水观察井，并应在周边设置不小于 30cm 的卵石缓冲带（图 2–13）；

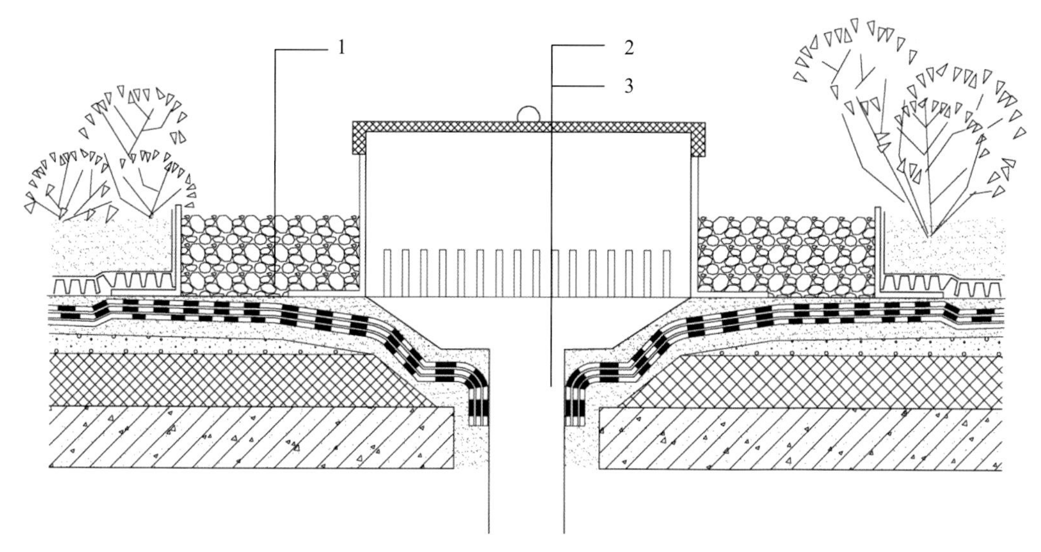

图 2-13　绿地内水落口做法示意图

1—缓冲带（宽度 30cm 以上）；2—雨水观察井；3—屋面水落口

2）当屋面水落口设置在铺装面层上时，种植基质层下方或铺装基层应满铺排水板，水落口上方必须设置雨水箅子（图 2-14）。

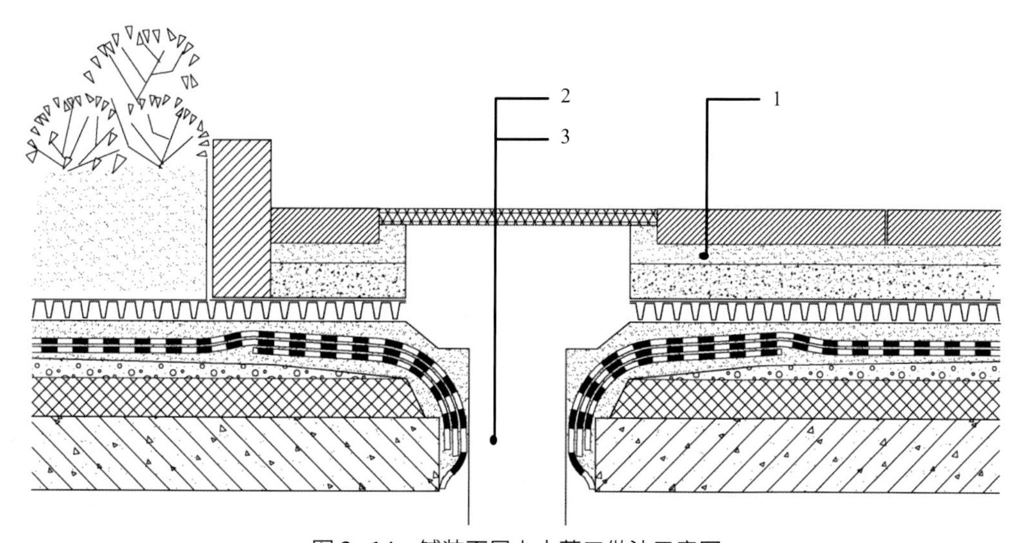

图 2-14　铺装面层上水落口做法示意图

1—铺装面层；2—雨水箅子；3—屋面水落口

76 过滤层的设计应注意哪些问题？设计过滤层时是不是越厚越好？

种植屋面构造层次中，过滤层的作用主要是为了防止种植基质被水带入排水层，

造成水土流失和建筑屋面排水系统的堵塞。

过滤层的作用是过滤种植基质层中由于下渗、浇灌而流失的土壤或杂质，铺设不宜过厚，过厚容易引发多余的水分聚集，造成植物根系霉烂，影响植物生长，进而影响种植屋面的景观效果。

过滤层的材料应采用既能透水又能过滤的无纺布或玻璃纤维材料。通常是由单层或双层的柔性材料组成。双层使用时，上层是兼有蓄水作用的蓄水棉，质量要求为 100 ～ 150g/m^2；下层是有过滤作用的无纺布材料（多为聚丙烯或聚酯材料），质量要求为 150g/m^2。单层使用时，可以直接用质量要求为 200g/m^2 以上的柔性材料。隔离过滤层应铺设在种植基质层下面，搭接缝的有效宽度必须达到 10 ～ 15mm，并沿建筑侧墙面或种植挡墙向上延伸铺设，高度宜低于种植基质层高度 50mm。

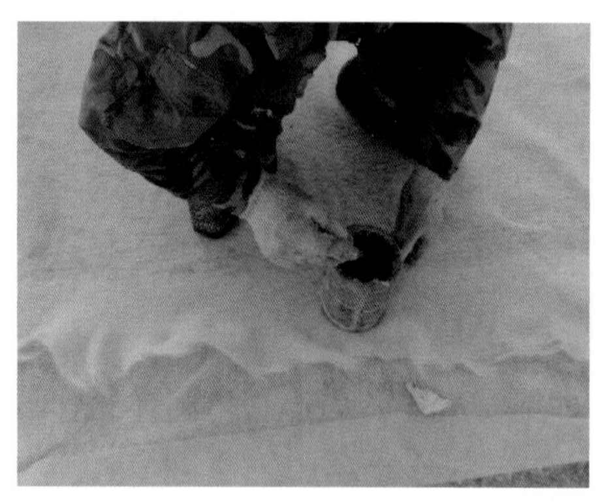

图 2–15　过滤布的搭接方式

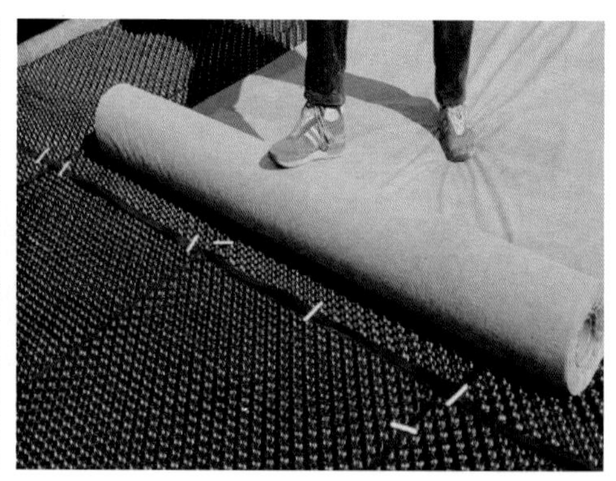

图 2–16　排（蓄）水层与过滤层位置关系

77 种植屋面的种植土跟地面种植土有哪些区别？可以将地面种植土用在屋顶上吗？

种植屋面由于屋顶荷载有限，必须采用重量较轻的种植基质，而且种植屋面由于考虑后期植物不能长得过高过大，有机质含量不能太高，所以与地面种植土区别还是很大的。地面种植土如果在饱和水密度、有机质含量、总孔隙率、有效水分、排水速率等方面的数值达到种植屋面相关规范要求的，原则上也可以部分用于种植屋面，但不能直接作为种植屋面基质使用，不可以用地面种植土直接上屋顶。

种植屋面用种植基质的种类主要包括改良土有机基质和无机基质两种类型。改良土是在自然土壤中加入改良材质，减轻荷重，提高基质的保水性和通气性。其配制主要由排水材料（煤渣、沙土、蛭石等）、轻质骨料（发酵木屑、碎杂草、树叶糠、珍

珠岩等）和肥料（腐殖土、泥炭、草木灰等）混合而成。改良土的配制在我国各个地区不尽相同，配制比例也要根据各地现有常见材料的情况而定，还可以根据各类植物生长的需要配制。

一般种植屋面用改良土有机基质的干容重应在 550 ～ 900kg/m^3 之间，如果基质充分吸收水分后，其湿容重可增大 20% ～ 50%，因此，在配制过程中应按照湿容重来考虑，尽可能降低容重，并适当添加缓释肥，其比例可根据不同植物的生长发育需要而定。

无机基质是人工轻量化的新型种植基质材料，具有不破坏自然资源、卫生洁净、重量轻、保护环境等作用。一般由表面覆盖层、栽植育成层、排水保水层三部分组成；干容重约为 120kg/m^3，湿容重约为 650kg/m^3。

78 种植屋面用种植基质选择应注意什么？类型和材料配比有哪些？

种植土的选择应注意其饱和水容重、有机质含量、总孔隙率、有效水分、排水速率等指标。种植屋面常用种植土的主要性能指标应符合表 2–4。

表 2–4　常用种植土性能指标

种植土类型	饱和水容重（kg/m^3）	有机质含量（%）	总孔隙率（%）	有效水分（%）	排水速率（mm/h）
田园土	1500 ～ 1800	≥ 5	45 ～ 50	20 ～ 25	≥ 42
改良土	750 ～ 1300	20 ～ 30	65 ～ 70	30 ～ 35	≥ 58
无机种植土	450 ～ 650	≤ 2	80 ～ 90	40 ～ 45	≥ 200

种植基质分为有机基质（干容重在 550 ～ 900kg/m^3）和无机基质（干容重在 120 ～ 650kg/m^3）。种植基质应根据湿容重进行核算，不应超过 1300kg/m^3。种植屋面种植基质材料配比见表 2–5。

表 2–5　常用改良土配制

主要配比材料	配制比例	饱和水容重（kg/m^3）
田园土：轻质骨料	1 : 1	≤ 1200
腐叶土：蛭石：沙土	7 : 2 : 1	780 ～ 1000
田园土：草炭：蛭石和肥料	4 : 3 : 1	1100 ～ 1300
田园土：草炭：松针土：珍珠岩	1 : 1 : 1 : 1	780 ～ 1100

续表

主要配比材料	配制比例	饱和水容重（kg/m^3）
田园土：草炭：松针土	3：4：3	780 ～ 950
轻沙壤土：腐殖土：珍珠岩：蛭石	2.5：5：2：0.5	≤ 1100
轻沙壤土：腐殖土：蛭石	5：3：2	1100 ～ 1300

地下室顶板覆土种植因建设成本问题，宜采用田园土或改良土，土壤质地要求疏松、不板结、土块易打碎，主要性能指标见表2–6。

表2–6　田园土主要性能

项目	渗透系数（cm/s）	饱和水容重（kg/m^3）	有机质含量（%）	全盐含量（%）	pH值
性能要求	≥ 10-4	≤ 1100	≥ 5	＜ 0.3	6.5 ～ 8.2

79 轻型种植基质易被风吹散，如何解决？

在种植屋顶荷载有限的条件下，我们往往需要使用一种轻型的种植基质，其干容重一般在120kg/m^3左右，湿容重一般在650kg/m^3左右，但在种植屋面实际工程案例中，的确发现使用越轻的种植基质，越容易被屋面的强风吹散，这个问题应该引起重视。因此，可以通过以下办法来解决：

图2–17　一种屋顶轻型种植基质

1）在屋顶绿地表面增加铺设表层覆盖物的办法来加强轻型种植基质的稳固性，例如可以选用火山岩粒、树皮、陶粒等覆盖物进行轻型种植基质表面的覆盖。

2）可以提高屋面植物种植的密度和草坪地被种植的前期郁闭度，以减少轻型种植基质的表面裸露。

3）可以在荷载允许的情况下，将改良种植土和轻型种植基质按照一定的体积比进行混合搅拌后使用。

4）可以在荷载允许的情况下，将改良种植土和轻型种植基质分层铺设。在屋顶表面铺设使用容重较大，稳定性较高的改良土种植基质；在表土层以下使用容重较小，稳定性较差的轻型种植基质，防止轻型种植基质因暴露于屋顶表面而造成被风吹散的现象。

80 种植屋面的种植土深在设计上应注意什么？种植基质的厚度多少合适？

种植屋面根据植物种类的不同，种植基质的厚度要求也有不同，其中草坪类植物种植基质厚度需不小于 10cm；地被类植物、花卉、观赏草等植物的基质厚度需不小于 20cm；小灌木类植物的种植基质厚度需不小于 30cm；大灌木类植物的种植基质厚度需不小于 40cm；小乔木类植物的种植基质厚度需不小于 60cm。也就是说，可以根据建筑荷载和功能要求来确定种植屋面的形式，可以根据植物种类的不同来确定种植基质厚度，总结起来应该符合表 2–7 的要求。

表 2–7 种植土厚度要求

植物种类	种植土厚度（mm）				
	草坪、地被	小灌木	大灌木	小乔木	大乔木
种植土厚度	≥ 100	≥ 300	≥ 400	≥ 600	≥ 900

81 种植屋面的植物应该如何选择，依据是什么？

种植屋面的成败关键除了要保证建筑荷载安全和防水安全以外，还主要表现在种植屋面全生命周期，建筑屋顶植物的生长状况和生态效益的发挥。

种植屋面植物选择的主要依据是现行的住建部行业标准 JGJ 155—2013《种植屋面工程技术规程》，我国各地区的种植屋面项目也可以根据当地的植物种类进行选择优化。

1）应选择须根发达的植物，避免选择直根系植物或根系穿刺性较强的植物。乔灌木的胸径、株高、冠径、主枝长度和分枝点高度应符合现行行业标准 CJ/T 24—1990《城市绿化和园林绿地用植物材料 木本苗》的规定；

2）应选择植株生长健壮、株形完整，易移植、耐修剪、耐粗放管理、生长缓慢的植物，避免植物逐年加大的活荷载对建筑静荷载的影响。

3）应选择抗风、耐旱、耐夏季高温的园林植物。

4）应选择枝干无机械损伤、无冻伤、无毒无害、少污染，具有耐空气污染，能吸收有害气体并滞留污染物质的植物。

5）禁止使用入侵物种。

82 种植屋面的种植设计应注意哪些问题？

种植屋面的种植设计是屋顶绿化成败的关键，也是今后屋顶绿化景观效果能否实现的关键因素。种植屋面的种植设计应根据屋顶荷载、屋顶高度、小气候条件、环境色彩、设计风格、可获得的苗木种类等诸多因素来进行确定。根据屋面特点，具体需注意以下几方面：

图 2-18 种植设计的植物配置

1）应选择适合当地的植物种类，盆景式选材，乡土植物为主（比例不宜小于70%）；

2）种植屋面植物须耐旱、耐修剪、观赏性强，不宜选用速生树种；

3）种植植物必须选用健康苗木，多用宿根花卉，季相美化丰富；

4）绿篱、色块、藤本植物宜选用三年生以上苗木，株形丰满、耐修剪，易于快速见效；

5）藤本植物宜覆盖、攀爬能力强，嫩梢耐热性好；

6）地被植物宜选用多年生草本植物和覆盖能力强的木本植物；

7）草坪块、草坪卷规格要一致，边缘平直，杂草数量不得多于1%，草坪移植块土层厚度宜为30mm，草坪移植卷土层厚度宜为18 ～ 25mm。

83 种植屋面与地面绿化的植物材料有什么不同？

屋顶的环境条件与地面不同，风力过大、光照过强、温度变化强烈、水分蒸发快，

因此不能简单搬用地面绿化的种植植物。屋顶种植环境的外在特征影响着种植屋面植物材料的选择，从而决定了种植屋面采取的方式。

用于种植屋面的植物，选择时需要认真考虑屋顶的独特条件，切实注意对于植物生长的各种不利因素，并充分估计小气候的作用，尤其是要考虑种植土的厚度、排水状况、空气污染状况、灌溉养护条件等因素，还要考虑植物的大小、种类、生物学特性、观赏因素、生长快慢等。

鉴于种植屋面施工位置不同于地面，植物是否容易移植也是需要重点考虑的因素；同时，在建筑屋顶这一特殊立地环境中，植物根际温度偏高，特别要考虑植物高温越夏的问题。

因此，种植屋面设计时应根据植物生长的需要，本着生态学结合生物特性原则，充分调查分析种植屋面区域的小环境条件，考虑植物的生物特性进行种植屋面植物的选择。一般来说，种植屋面植物的选择应遵循以下原则：

1）种植屋面植物的选择首先要遵循植物多样性和共生性的原则，以生长特性和观赏价值相对稳定、满足种植屋面多方面的需要，尽可能丰富种植屋面的植物种类。

2）尽量选用乡土植物，适当引种绿化新品种，适当利用和保留野生植物。乡土植物对当地的气候有高度的适应性，在环境相对恶劣的种植屋面，选用乡土植物往往有事半功倍的效果。

3）考虑到屋顶的特殊地理环境和承重的要求，应注意多选择矮小的灌木和草本植物，以低矮灌木、草坪、地被植物和宿根花卉以及攀援植物等为主，原则上不用大型乔木，有条件时可少量种植耐旱小型乔木，以利于植物的运输、栽种和管理。

4）屋顶的种植层较薄，为了防止根系对屋顶建筑结构的侵蚀，应尽量选择浅根系的植物，以及须根发达的植物，不宜选用根系穿刺性较强的植物，防止植物根系穿透建筑防水层。

5）考虑到种植屋面的面积一般较小，为将其布置得较为精致，可选用一些观赏价值较高的新品种。为了使种植屋面更加绚丽多彩，体现花园的季相变化，还可适当栽植一些色叶树种。在条件许可的情况下，可布置一些盆栽的时令花卉，使花园四季有花。

6）选择易移植、耐修剪、耐粗放管理、生长缓慢的植物，较低的养护管理，避免植物逐年加大的活荷载对建筑结构的影响。

7）选择耐旱、抗寒性强的矮灌木和草本植物。由于种植屋面夏季气温高、风大、土层保湿性能差，冬季则保温性差，因而应选择耐干旱、抗寒性强的植物为主，选择耐旱、

耐寒、耐夏季高温的植物，能够安全越冬、越夏。

8）选择抗风、不易倒伏、耐积水的植物种类。在屋顶上空风力一般比地面风力大，特别是雨季或有台风来临时，风雨交加对植物的生存危害最大，加上屋顶种植层薄，土壤的蓄水性能差，一旦下暴雨，易造成短时积水，故应尽可能选择一些抗风、不易倒伏，同时又能耐短时积水的植物。

9）选择阳性、耐瘠薄的植物。种植屋面大部分地方为全日照直射，光照强度大，植物应尽量选用阳性植物，但在某些特定的小环境中，如花架下面或靠墙边的地方，日照时间较短，可适当选用一些半阳性的植物种类，以丰富种植屋面的植物品种，因施用肥料会影响周围环境的卫生状况，故种植屋面应尽量种植耐瘠薄的植物种类。

10）选择一定数量和比例的常绿植物，以冬季能露地越冬的植物为主。营建种植屋面的目的是增加城市的绿化面积，美化“第五立面”，种植屋面的植物应选择一定数量的常绿植物，宜用叶形和株形秀丽的品种。

11）适当选择抗污性强、可耐受、吸收、滞留有害气体或污染物质的植物，充分发挥种植屋面的生态作用。

84 为什么种植屋面都建议种植比较低矮的植物呢？

种植屋面都建议种植比较低矮的植物，首先是屋顶荷载有限，植物过高过大对于建筑荷载会造成较大的压力，不利于建筑屋顶安全；其次是建筑环境风环境复杂多变，屋顶上的风比地面上更大、更复杂，容易造成“树大招风”的安全隐患；再次是一般屋顶面积较小，空间局促，属于是小环境、小尺度的园林景观，且人们在屋顶环境观赏植物，多为近距离观赏，因此适合种植规格较小的植物，空间环境更为亲和。

85 为什么屋顶的地被种植多采用景天科植物？

景天科植物品种繁多，各种叶色、花色，不同高度、花期、株型，能够营造丰富的园林植物景观，不仅被地面绿化青睐，也同样被屋顶绿化所青睐。其生长特性比较适合屋顶的特殊生长环境，是目前以生态改善功能为主的简式种植屋面中的首选植物。原因是：

1）景天科植物表皮多有腊质粉，气孔下陷，可减少蒸腾作用，是典型的旱生植物；

2）景天科植物植株肉质，无性繁殖力强，所谓采叶即能种植生根，繁殖迅速，成坪能力强；

3）景天科植物植株矮小，抗风性强，无需大水大肥，耐污染，综合抗性强，尤其是耐干旱、耐瘠薄、耐后期粗放管理，节约成本。

86 常见用于种植屋面的景天科植物有哪些？

常见用于种植屋面的景天科植物有八宝景天、德国景天（系列）、松塔景天、佛甲草、垂盆草、三七景天、胭脂红景天、堪察加景天等。目前简式种植屋面不提倡在屋顶种植单一草种。单一种植容易造成草种退化和病虫害突发，一般要求多采用至少3种以上的植物搭配，从而对于屋顶环境的生物多样性恢复也多有益处。

图 2-19　几种景天科植物配置

87 当地的野生植物是否可以应用到种植屋面？

理论上讲，野生地被植物更符合当地的气候特点，抗逆性强，具有较好的生态适应能力，具备自然演化自我更新的能力，因此可以应用于种植屋面中，符合当前种植屋面低成本、低维护的养护管理要求。但是，实际工程设计当中，往往受苗源限制，找到当地的野生植物要么苗源寻找困难，要么苗木成本较高。因此，推广过程中问题较多、阻力较大，目前只能积极培育驯化野生地被植物，将野生地被植物作为今后在种植屋面市场具有重要利用前景的潜力股来对待。

图 2–20　野生地被的演替

88 屋顶菜园和普通屋顶花园有何区别？如果想在屋顶种植蔬菜，哪些类型比较适宜？

屋顶菜园和屋顶花园的主要区别是种植的植物不同：

图 2–21　屋顶菜园

1）生活中常见的蔬菜大多不是耐干旱、耐瘠薄、综合抗性强的植物，种植起来需水量大，而且容易产生病虫害，需要更精细的养护和日常照料。

2）蔬菜需要的肥力和养分比起普通的屋顶花园植物要多得多，适合种植蔬菜的种植基质也与屋顶花园的种植基质有很大的不同，必要时需及时上药或追肥。

3）种植蔬菜对生长环境要求较高，在屋顶需要选择风阻小、阳光充沛的区域种植。

4）大部分蔬菜是一年生植物，需要每年春季进行重新播种种植，对于后期的管理养护条件要求较高。

如果想要在屋顶上种植蔬菜，蔬菜种类可以按照屋顶使用者的个人喜好来进行选择，由于种菜是养护管理精细的操作，所以屋顶种菜应优先选择叶菜类或根茎类植物比较适宜，另外，尽量选择需肥量比较少的蔬菜种类，这些对于屋顶条件都是更为适宜的，可以减少后期人工施肥造成的环境污染。

89 新建建筑种植屋面设计一般包含哪些内容？

新建建筑种植屋面设计包含的内容很多，但总结起来主要内容如下：

1）要科学计算建筑屋面的结构荷载，做到心中有数；

2）要根据荷载数据确定适宜的种植屋面构造层次；

3）种植设计，确定种植土类型、种植形式和植物种类；

4）要进行性绝热层设计，根据种植基质设计的厚度来确定绝热材料的品种规格和性能；

5）进行防水层设计，要根据种植设计的植物种类来确定耐根穿刺防水材料和普通防水材料的品种规格和性能；

6）要根据当地的气候条件和降雨量，设置必要的灌溉及排水系统；

7）进行细部构造设计、电气照明系统设计和园林小品设计。

90 种植屋面景观设计前需要准备和了解哪些内容？

首先，需要建筑的基本资料，找到相关图纸最好，具体需要了解建筑的建造年代、建筑的功能、建筑的结构形式和荷载大小、建筑屋面的类型(正置式屋面或倒置式屋面)、建筑的使用性质和使用人群等，并通过实地调查了解建筑的朝向，建筑的风格、色彩、质地情况等。

其次，要了解建筑屋顶面积、屋顶女儿墙的高度和栏杆的形式、质地和牢固与否，屋顶出入口位置、通道的安全性等。

再次，要充分了解建筑的防水和排水状况，包括使用防水材料的种类、泛水高度、屋面渗漏情况等，以及建筑屋面排水形式（外排水或内排水）、排水坡度、水落口数量、排水沟的位置等。

最后，还要了解屋顶其他设备的使用情况、位置、高度等，包括避雷设施的安全

性和完整性，对后期景观的影响等。

91 种植屋面设计图纸审核的注意事项？

除一般图纸需要审核的部分以外，种植屋面设计图纸应着重审核建筑安全和结构方面的设计图纸，主要内容包括：

1）防水、给水和排水设计，要求防水安全适用，要有耐根穿刺功能，给水点要明确位置压力和控制方式，排水要通畅，排水口需要预留检查检修井。

2）种植部分的结构设计，要体现种植基质层的厚度和主要成分，覆盖层所用的材质，以及和排水层的衔接方法。铺装硬化部分的基础设计要控制好厚度，以便与种植部分衔接科学合理。构筑物部分的基础设计要在有限的基础深度内保障构筑物的稳固。

3）种植设计要根据建筑屋面顶板的承重结构来合理布置，大规格的乔灌木需要设置在梁和柱的位置，而且要有防倒伏的支撑固定设计，靠屋面边缘的位置需要考虑防止树木枝叶坠落的设计。

4）建筑屋面女儿墙护栏要有足够的安全高度和足够的阻止坠物的密度，并且要考虑护栏表面的美化装饰设计，小学和幼儿园的女儿墙护栏更要避免裸露落项。

5）以上所有设计均要满足建筑荷载要求，审图时需要严格控制各项材料的数量和重量，核查整体荷载量和局部荷载压力，以防对建筑安全本身造成破坏。

92 种植屋面的设计流程是怎样的？

种植屋面设计分为前期准备阶段、设计阶段、施工阶段、竣工阶段。流程如下：

1）前期准备阶段：

① 首先，需要待建屋顶的结构图纸、平面图纸、水电图纸、设备布置图纸、排水图纸、荷载检测数据等相关资料。

② 要与业主进行沟通，充分了解业主方、甲方的使用需求和种植屋面建设要求。

③ 进行屋顶现场的勘察，核对图纸内容，确定屋顶的出入方式、女儿墙形式及高度、屋面铺设层形式、防水情况、排水情况、排水坡度形成的高差情况、设备管线位置等具体数据，同时对屋顶周边环境进行充分的了解，以确定设计风格。

2）设计阶段：

① 根据前期调查内容、屋顶的使用功能和建筑屋面的荷载，结合与业主的多次沟通，确定种植屋面的类型、设计主题、种植形式，再根据屋顶条件和使用需求确定功能分区。

② 由以上确定的内容进行初步的种植屋面方案草图设计。

③ 将方案草图设计进行进一步细化，根据建筑屋面结构图确定重点园林小品的位置、景观布局和大树的种植点位，准确确定各个相关尺度。处理好建筑屋面人员进出口、屋面水落口、女儿墙、各种屋面设备与种植屋面之间的关系，初步考虑各种造园景观元素的材料选择，包括植物选择等。

④ 进行全面核算。核算包含两方面：一是对方案的总造价进行估算，使设计方案更加符合甲方的预期；二是对方案增加的造景元素进行荷量的估算，荷重总量必需满足荷载要求，从而使设计方案科学可行。

⑤ 将方案草图设计图纸转换为甲方及业主等非专业人士更容易理解的设计语言（图纸表达），例如项目分析图（包括荷载分析图）、平面效果图、分区布置图、整体鸟瞰图、透视效果图、种植设计意向图、附属设施意向图、技术讲解等内容。

⑥ 汇报设计方案，与甲方和业主方沟通设计思想，并进一步深入了解甲方和业主方的要求。

⑦ 进行方案的再调整、再修改、再完善及再汇报、再沟通。

⑧ 确定种植屋面景观设计方案。

⑨ 进行施工图设计，将设计方案细化至施工图，确定构造做法、基层结构、铺装铺设细节、小品做法、种植设计、水电管线排布等。

3）施工阶段：

① 进行施工图交底并答疑，与施工方进行沟通，使其充分理解设计意图。

② 施工期间，定期于施工现场与施工方沟通，对施工方提供的材料进行选样确定，讨论施工细节等。

③ 解决施工过程中遇到的一些问题，必要时经过多方协商可进行设计变更。

4）竣工阶段：

① 竣工前对现场进行细部检查，对于未按照图纸要求达到设计目的的施工点，必须提出修改意见。

② 协助施工方完成竣工图绘制。

③ 为业主提供种植屋面使用说明书（安全性指导意见），例如种植屋面安全使用注意事项、最多一次性可上人数、养护管理注意事项等。

93 种植屋面施工图中竖向设计应注意哪些问题？

种植屋面施工图中竖向设计首先要考虑排水坡向，是内排水还是外排水，如果是外排水不能影响排水通畅；其次，借助竖向营造丰富的植被层次，铺装设计不宜变化太多，不能出现安全问题。种植屋面施工图中竖向设计应包含以下几项内容：

1）地形设计；

2）园路、广场和其他铺装场地的设计；

3）构筑物和其他园林小品的设计；

4）植物种植在高程上的要求；

5）排水设计。

竖向设计的表示方法一般采用设计标高法，在种植屋面施工图中应采用设计标高法与局部剖面法结合的方式，以便更直观地表达复杂的设计内容。种植屋面施工图的竖向设计还需要核算所选用材料的重量，严格遵循荷载数据进行设计，这一点必须随时强调，以保障建筑屋面本身的荷载安全。

94 种植屋面景观设计师的设计工作同普通地面园林景观设计师的工作有何不同之处？

图 2-22　屋顶牌示

1）由于种植屋面是以建筑为载体进行设计，因此，种植屋面景观设计师不仅要考虑建筑场地可视范围的条件，还要考虑建筑结构的安全。在设计全过程中，园林布局和小品元素的设置不仅要考虑景观因素和文化理念，更要考虑建筑结构的安全性。因此，种植屋面景观设计师是必须是在园林与建筑、文化与艺术、气象与土壤、工程与科技等方面具有跨界知识储备的人才。

2）种植屋面不仅需要考虑所在地区的气候条件，还要根据建筑的不同层高，建筑朝向等因素更多地考虑小气候条件，因地制宜进行景观设计。

3）种植屋面设计属于微空间小尺度的园林景观设计，使用人群有限且有特定性，所以种植屋面设计师在设计种植屋面时，所考虑的外部因素会更多。

4）种植屋面的营造技术含量高，对建筑材料的要求也较高，需要设计师时时关注新材料和新技术的更新。

95 大型花灌木冠幅、高度、胸径要求与土球大小的比例关系如何测算？

其计算关系如下：

1）乔木按胸径的 6 ～ 8 倍计算，如胸径分叉在 1.3m 以下时，按离地 50cm 处干径计算。

2）灌木按自然冠幅的 1/3 ～ 1/2 计算。

3）棕榈科按式 2–1 计算土球直径执行乔木类定额。

$$土球直径=D+2R \tag{2–1}$$

式中　D——取棕榈科植物地径，单位：cm；

R——取 20 ～ 30cm。

96 大型花灌木屋顶种植设计应注意什么？防风固定措施有哪些？

大型花灌木应用于种植屋顶尽量选择在梁柱结构上栽植，可以结合起伏地形增加覆土深度，增加固定设施防止倒伏。屋面种植乔灌木高于 2.0m、地下室顶板种植乔灌木高于 4.0m 时，应采取固定措施，并应符合下列规定：

1）树木固定可选择地上支撑固定法（图 2–23）、地上牵引固定法（图 2–24）、预埋索固法（图 2–25）和地下锚固法（图 2–26）；

2）树木应固定牢固，绑扎处应加软质衬垫。

图 2-23 树木地上支撑固定法

1—圆木支撑架；2—三角形金属网架；3—圆木与金属网架用螺栓拧紧固定

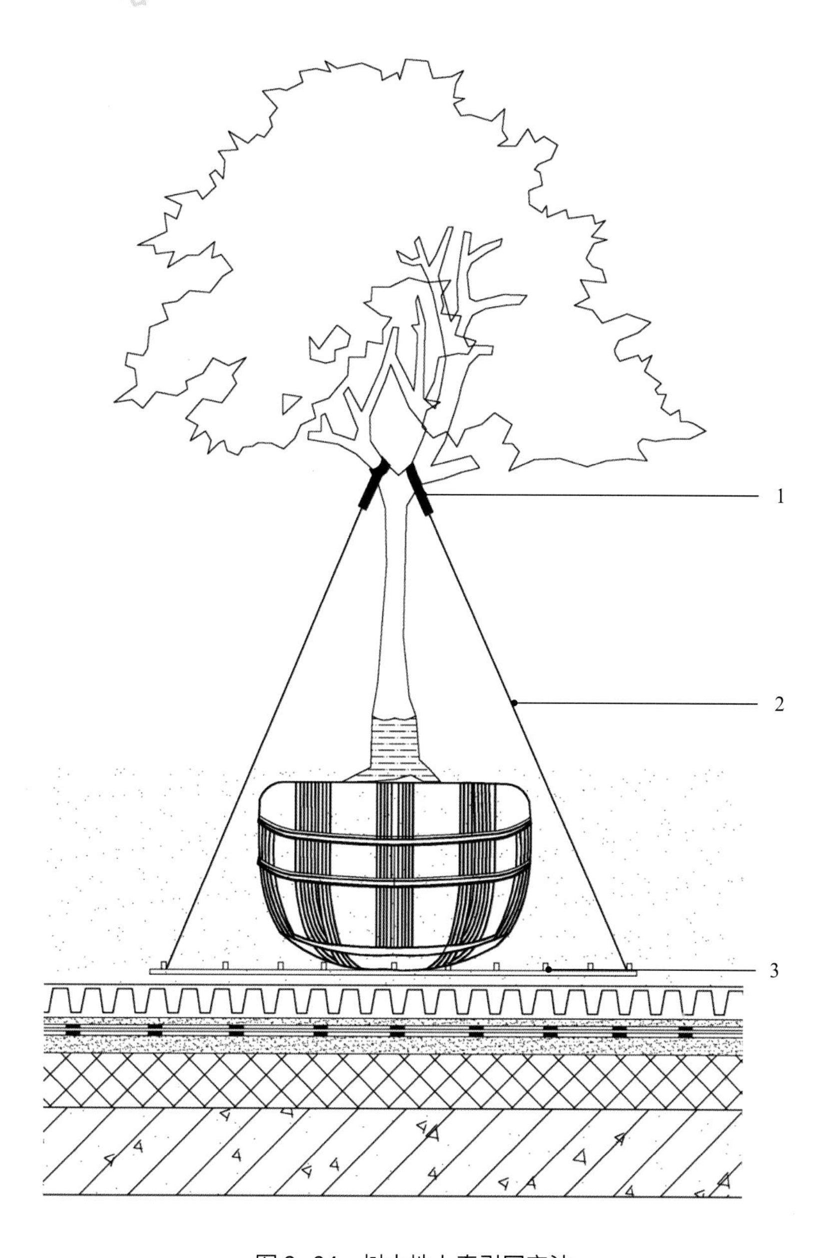

图 2–24　树木地上牵引固定法

1—软质衬垫；2—牵引绳索；3—金属网架

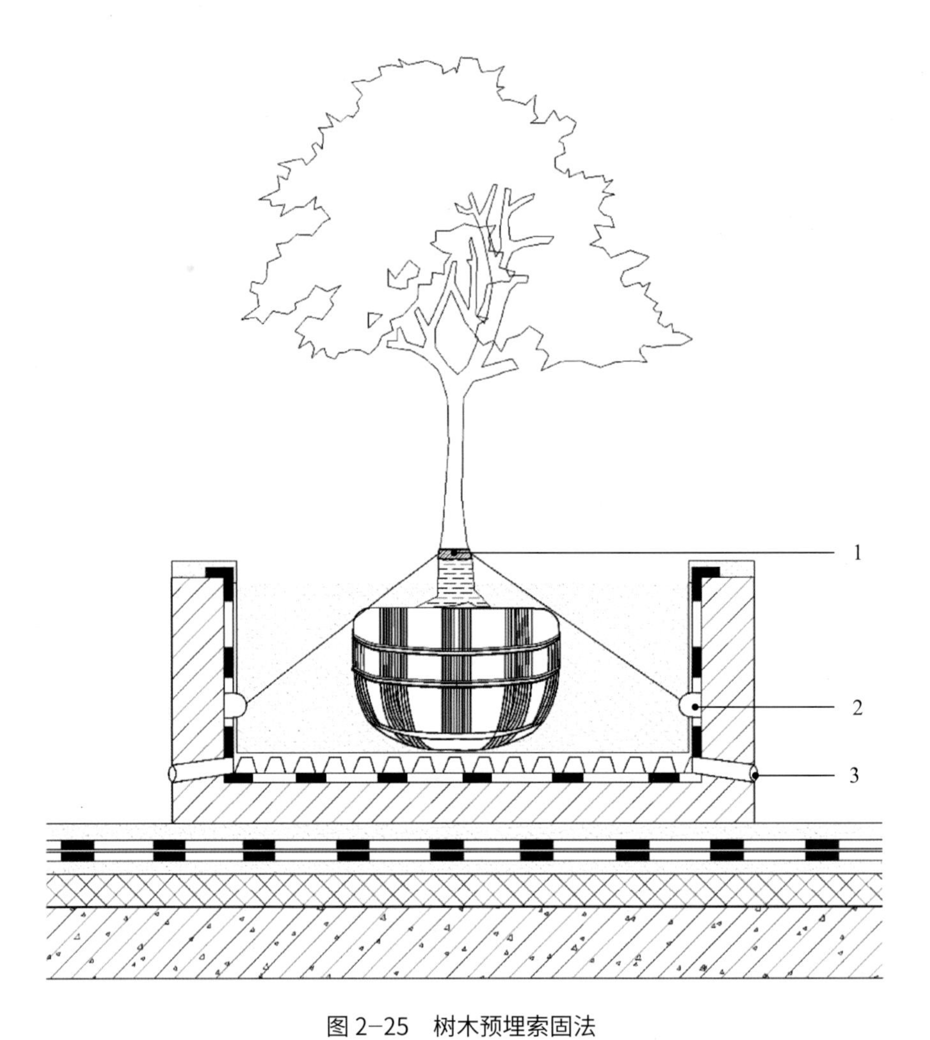

图 2-25　树木预埋索固法

1—软质衬垫；2—预埋件；3—排水口

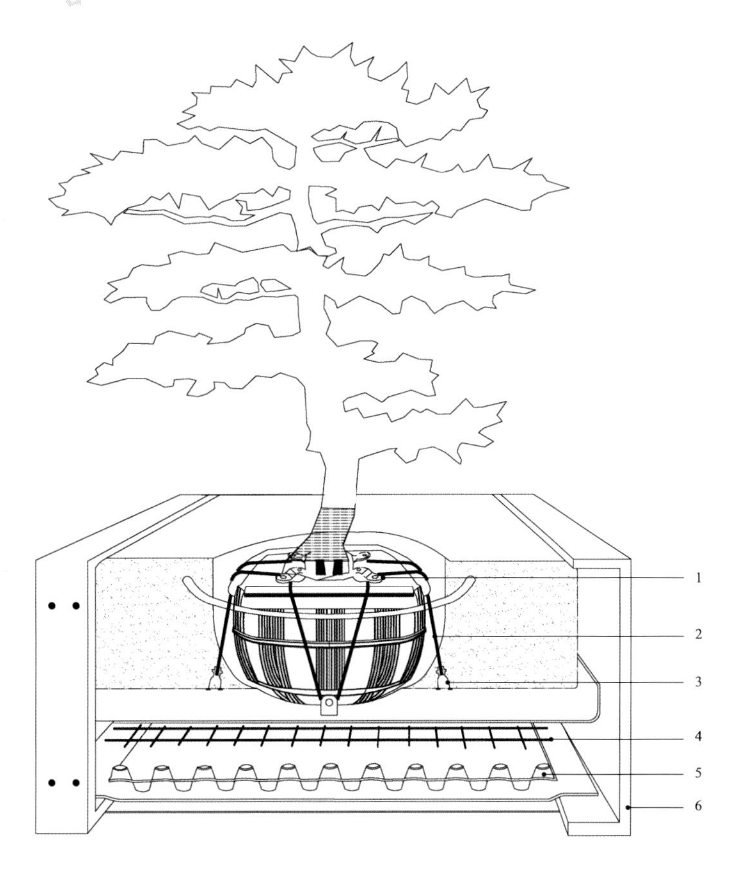

图 2–26　树木地下锚固法

1—固定卡扣；2—固定绳索；3—预埋件；4—金属网架；5—排水板；6—种植池

97 大树在种植屋面中种植基质不够深的情况下如何固定？

在种植屋面种植大树的方式有固定种植池种植和在屋面绿地中种植两种方式。在种植池中种植大树时，由于有池壁保护，且种植深度稳定可控，将大树树干拉牵引绳固定在种植池池壁或用地下锚的方式固定。在绿地中种植大树需要用微地形漫坡以保证大树所需的种植土深度，并在种植土中埋设金属网架，用圆木或牵引索等方式从网架的角点起支撑固定于树干上。

98 建筑挑檐部分是否能种植植物？

建筑檐口部分原则上不能种植植物，因为从后期管理角度，这里是荷载安全的薄弱环节，容易产生事故。种植屋面的女儿墙、周边泛水部位和屋面檐口部位，要求应

设置砾石缓冲带，其宽度不应小于 30cm。

1）既有建筑屋面改造为种植屋面，当采用覆土种植时，有檐沟的屋面应设计砌筑种植土挡墙，挡墙应高出种植土 50mm，挡墙距离檐沟边沿不宜小于 300mm；挡墙应设排水孔；种植土与挡墙之间应设置卵石缓冲带，带宽度宜大于 300mm。

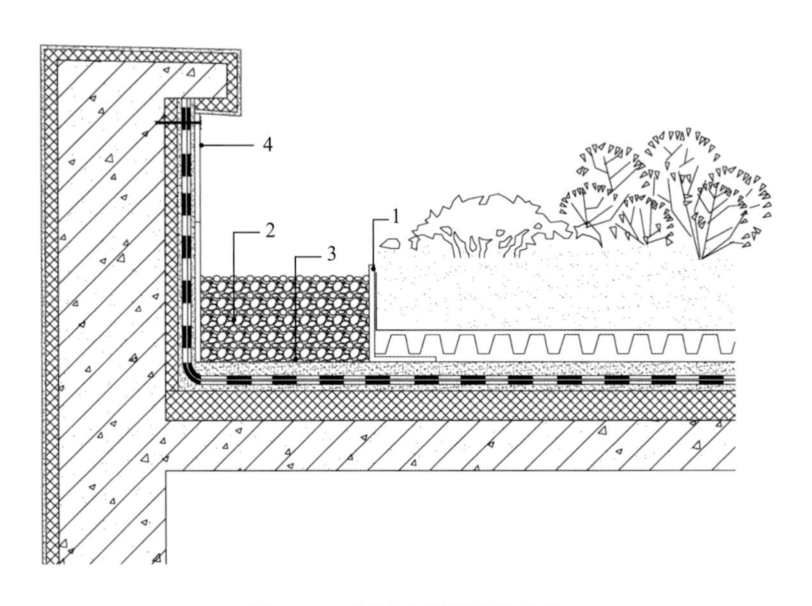

图 2–27 种植土挡墙构造做法

1—种植围挡；2—缓冲带；3—过滤层；4—金属压条固定

2）坡屋面种植时，檐口顶部应设种植土挡墙；挡墙应埋设排水管（孔）；挡墙应铺设防水层，并与檐沟防水层连成一体。

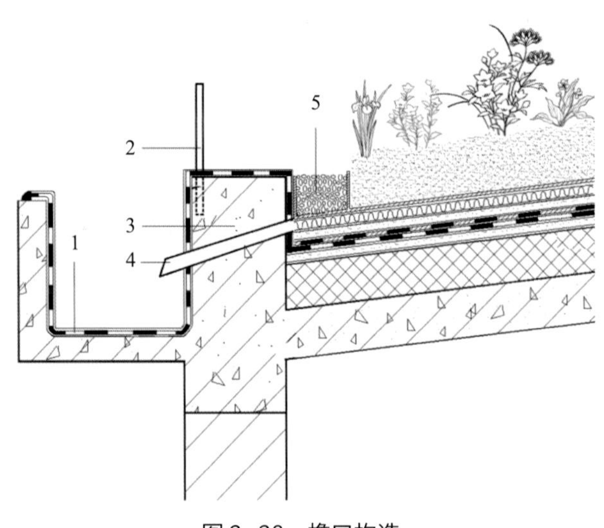

图 2–28 檐口构造

1—防水层；2—防护栏杆；3—挡墙；4—排水管；5—卵石缓冲带

99 屋顶是否可以做水景，在排水设计方面需要注意什么？

屋顶可以在保证荷载安全的条件下做水景，由于水的密度为1000kg/m³，也就是每100mm厚的水深占用1.0kN/m²的荷载，所以应充分考虑水的荷重，应在荷载承载范围内建造水池。在建造水池时，还应注意以下排水问题：

1）屋顶存在原有排水坡度，水池应在底面找平的基础上建造完成，使水池底面满足基本水坡度即可，若存在过大高差，会造成重量分布不均而且视觉也并不美观。若没有排水坡度则会造成排水排不尽的现象。

2）水池的排水口位置应与水池排水坡度和屋面排水坡度协调一致。

3）水池的排水口及溢水口做好过滤措施，且易于检修，保证屋面水池排水通畅。

100 种植屋面水景工程在荷载设计时应注意哪些问题？

种植屋面水景工程的荷载设计应根据水池深度以及水池建造材料来确定。首先根据水池设计的水深来确定水的质量，可采用每平方米的荷载计算。水的深度为100mm时，水的分布荷载为1.0kN/m²，每加深100mm水，其荷载也随之递增1.0kN/m²，也就是说，水的深度为200mm时，水的分布荷载为2.0kN/m²，以此类推。

此外，水池若采用砖石或水泥混凝土建造，则要根据设计的池壁池底厚度、防水层及保护层的荷重以及池壁池底贴面材料的品种和荷重进行分别计算，然后再与水的荷重一并折算成每平方米的荷载。

101 种植屋面水景设计应注意哪些问题？

在屋顶上设置水景时，主要的限制因素是水的质量和风的影响。最好是在建筑设计时就预先考虑好水景设计，以便准确计算屋面荷载要求，确保屋顶结构的安全。在施工中也方便把供水设备等安装在屋顶的隐蔽位置，避免影响种植屋面的景观效果。

种植屋面水景设计建议以静水水池景观为主。因为受到屋面风力较大的影响，尽量不用喷泉或叠水。喷泉或叠水在下落到水池内的过程中容易被屋顶的风吹偏或吹散，造成附近绿地积水，或在附近铺装上形成积水，因此，不建议用喷泉或叠水景观。

在屋顶上做水池或造水景都要特别关注防水问题，避免屋顶漏水。原则上必须在

屋顶水景区域做二次防水处理和局部节点的防水加强，以保证水景节点及水池部分绝对不能出现渗漏问题，更不能危及屋面结构安全。屋顶水池的建造，最简便的方法是直接将水池底部的混凝土浇铸在防水层表面上，同时利用钢筋浇铸混凝土做成水池壁，且水池壁和池底都要做防水处理，可以做一道柔性防水或涂刷防水涂料。

种植屋面水景还应设置水循环系统，并定期消毒。池壁的类型应该与周围建筑的风格和园林景观的布局配置合理、砌筑牢固，并单独做防排水处理。

图 2–29　屋顶水景

102 种植屋面如果设计了假山、置石、雕塑，应该如何布局？

种植屋面设计应以植物造景为主，把种植屋面的生态效益最大化。一般不建议假山、置石、雕塑上屋顶。如果确有需求，且荷载允许的情况下，种植屋面若设计有小型假山或置石、雕塑等，应尽量选用轻质材料和技术（例如塑石技术）。在设计布局时则必须借助建筑屋面的承重墙和承重柱这些荷载较大的部位进行布置，以缓解屋面荷载压力，保证建筑安全。

通常情况下，假山的荷载可通过计算其实际体积并乘以 0.7 ~ 0.8 的孔隙系数，再按不同石质的堆积密度（2000 ~ 2500kg/m^3），来计算山体每平方米的平均荷载；置石的荷载则应按照所选择的不同石质的堆积密度（2000 ~ 2500kg/m^3），乘以置石的体积来计算荷载；雕塑的荷载计算往往集中在基座上，因此设计布局时作为集中荷载，应按照雕塑所选择的不同材质的堆积密度，乘以雕塑的体积来计算其集中荷载。

103 种植屋面铺装设计应注意哪些问题？

首先考虑铺装的轻量化，不建议使用大理石、花岗岩等石材；其次应从截留雨水的角度重点考虑透水铺装，铺装一定要与建筑本身色彩、色调保持一致，此外铺装还应该注意防滑处理，保障人员使用安全；最后，铺装材质尽量选取质朴、非反光面的材料，如麻面处理、橡胶板、苯板等，结合汀步的结构处理，达到轻量化的要求。

104 目前哪些铺装材料或铺装形式适合低荷载的种植屋面设计？

低荷载的种植屋面是指屋面静荷载不足 2.5kN/m^2 的种植屋面，在目前国内各个城市的种植屋面建设当中，既有建筑的比例很大，荷载满足不了花园式种植屋面静荷载必须达到 3.0kN/m^2 以上的要求，一般荷载多在 1.5 ~ 2.5kN/m^2 之间。这一类的种植屋面如何改造成更有设计元素、景观效果丰富的种植屋面，就必须从材料选择上下功夫。

种植屋面能够使用的铺装材料其实非常丰富，在低荷载的条件下，对铺装材料的要求主要有几点：一是密度低，简单说就是质量较轻的铺装材料，如木材、火山岩、

图 2-30 种植屋面汀步铺装

图 2-31 种植屋面透水铺装

图 2-32 种植屋面木铺装

橡胶粒、轻质混凝土等；二是密度高、硬度大，在使用量较小的情况下必须保证使用功能，这就需要铺装材料足够结实，如钢板、胶粘石、塑木等；三是能够通过结构的简化，减少材料的使用附属材料，如万能支撑器、玻璃钢雨水箅子等。

105 种植屋面铺装有屋顶支撑还要做基础层吗？铺装部分是否影响排水？

建筑屋顶依据排水坡度，本身不一定是一个平面，而种植屋面的铺装是需要做成以同一水平面为基础的，所以需要提高铺装基础层来调整面层平整度和高度。种植屋面的排水方式是根据屋面排水坡向，通过在屋顶设置排（蓄）水板或陶粒来实现的。

屋顶排（蓄）水板不满铺，铺装部分基础层没有排水设施时，铺装部分一般采取面层排水方式，铺装上的雨水沿设计坡度通过绿地边缘预先设置的雨水通道或雨水孔进入绿地，通过种植土的吸收、过滤和下渗，多余的雨水经种植土下方的排（蓄）水板（一般为凹凸型，凹处蓄水，凸点有孔，便于排水）有组织排走。

屋顶排（蓄）水板通铺，铺装部分下方也有排（蓄）水板时，铺装部分的雨水采取面层排水方式沿排水坡度排到水落口或排水沟；绿化部分的大部分雨水经过过滤下渗并通过种植土下方的排（蓄）水板和铺装部分的排（蓄）水板下部的架空层，沿屋面排水坡向顺利排走；小部分雨水通过绿地边缘预先设置的雨水通道或雨水孔汇入铺装表面，沿排水坡度排出。

图 2-33 铺装下层的排水方式

106 什么方法能够有效减轻铺装的重量，而不影响铺装的使用和外观效果？

有效减轻铺装的重量，而不影响铺装的使用和外观效果，主要依靠的方法就是降低材料使用的厚度，改变铺装基础的结构和做法。例如木铺装是重量最轻的铺装方

式，而且铺装的高度对增加的重量影响不大，有高差设计的木铺装的重量增加的并不多。如果将木质铺装的轻质混凝土龙骨梁换成万能支撑器，还能够大大减少屋面对轻质混凝土龙骨梁做基础的依赖，大大减轻铺装的总重量，可从原来的每平方米质量为100.85kg，减轻到每平方米质量约47.6kg。

又例如屋顶选用石材类铺装，由于石材密度较大，一般每平方米质量要达250 ~ 300kg，如果将石材替换为石材面的室外地砖，其密度就会降低不少，同时铺设厚度变薄，每平方米质量可以减轻到120 ~ 140kg。

107 木制铺装如何保证下层排水安全通畅呢？

木铺装材质较轻，容易满足建筑屋顶对于荷载的要求，且有很强的艺术装饰作用。木铺装板与板之间应留5 ~ 10mm缝隙，这样能保证很好的通风性和木板的伸缩，需要定期维护，如刷洗、涂漆和固定等。木铺装基础结构尽量搭接到排水板之上，保证下层排水通畅，基础结构采用透水混凝土，柱点结构采用支撑器，减少梁的结构，按照屋顶排水方向设计。

108 屋顶铺装的板材若不用水泥能固定住吗？

屋顶铺装的板材若不用水泥固定，可以用万能支撑器进行铺装固定。方法是将铺装板材铺设在可调节高度和角度的支撑器支座上，施工时一般选用质地坚实的大规格板材（如规格100cm × 100cm）。这样可以在板下形成一个架空层，从而起到保温隔热的作用，以避免温度应力传导所造成的屋面结构损害。此外，与砾石垫层铺装的方法相比，此方法减少了铺装垫层的总重量。

图2–34　一种适合屋顶应用的万能支撑器

109 混凝土作为园林施工中一种主要的基础材料，屋顶使用的混凝土与地面园林使用的混凝土有什么区别？

混凝土是园林绿化工程施工中必不可少的一项材料，其重量在种植屋面使用的材料当中占了相当大的一部分比例。普通混凝土的密度一般能够达到 3000kg/m³ 以上，荷重过大，并不适合于种植屋面建设。因此，种植屋面中适合使用的混凝土必须选择密度较低的轻质混凝土，目前种植屋面常用的轻质混凝土有陶粒掺比的轻质混凝土、加气混凝土和发泡混凝土等，平均密度600kg/m³ 左右，能大大减轻种植屋面的荷载压力。

图 2–35　轻质混凝土

110 屋顶铺装与绿地之间是否必须做封边？常用的绿地封边有哪些形式，各有哪些特点？

屋顶铺装与绿地之间不一定做封边处理，一般要看不同的情形而定：

当铺装基础为中空结构时（指不用做铺装混凝土基础层，而是用龙骨或万能支撑器支撑的铺装结构），必须做绿地封边，阻止种植基质冲进铺装下方的中空地带，造成水土流失。

当铺装基础为混凝土实体结构时，可做绿地封边，在铺装边缘用透水路缘或者不

锈钢板、道路围牙固定；也可以设置缓冲带进行隔离；也可根据设计需求不做绿地封边。目前种植屋面绿地封边的方式和材料有：

1）圆木围挡：厚，轻，易于造型，材料易得且便宜，稳定性稍差，适合田园野趣的风格；

2）钢板：薄，轻，省空间，易于造型，稳定，不易变形，曲线或卷边不好加工，适合整洁大方的设计风格；

3）透水路缘：轻便，易于安装，造型有角度局限性，高温环境容易变软。

图 2-36　种植屋面用圆木围挡

111 种植屋面的水源和电源从哪里来？

种植屋面的水源和电源，最理想的情况是在建筑规划的时候就能够按照种植屋面的具体要求一并考虑进去。但是，在实际案例中，“理想”与“现实”具有很大的差距，一般建筑屋顶多由既有建筑（也叫做老旧建筑）改造而成，前期建筑设计可能并没有考虑过种植屋面，多年后的种植屋面建设改造必须因地制宜，尽量挖掘和利用建筑现有的设施。

一般可以利用的水源是就近的茶炉房或洗手间等位置，需经过甲方同意方可引出，在离水源相对较近，又便于连接整个屋顶喷灌系统的位置预先设置泵井（若水压不够还需增加加压泵）。一般可以利用的电源是最近的电梯间或设备间等有电源处，经过甲方同意方可引出，并且要注意用电安全。

112 水电管线等设施宜铺设在种植屋面哪个结构层之上，需注意哪些问题？

种植屋面水电管线等设施必须铺设在防水层上，防止漏电，利于避雷等。一般电线、电缆原则上必须采用暗埋式铺设；其连接还应做到紧密牢固，接头不应在套管内，接头连接处一定要做好绝缘处理。

113 屋顶有时有建筑过梁或设备管线横穿屋顶，在设计中如何处理？

在屋顶最常见到的是建筑过梁、横穿屋顶的避雷线、电线光缆等管线的盒箱等。设计时在过梁和管线周边必须预留出一定宽度的缓冲带（30cm 以上），以保证建筑结构和设施功能的安全。在种植屋面景观设计布局中，我们要尽量做到将铺装和园路避开过梁和管线，以避免铺装基础的增厚和游人活动对管线的实际影响。在产生必要的交叉时，可以通过设计园林小桥等竖向跨越的方式避开屋面管线或过梁。其中，避雷针可以通过与其他线路联通的方式一并解决，如果种植屋面上增加的新的构筑物的高度高于原屋顶的最高点时，应注意将屋面原有避雷设施与新的构筑物制高点相联通，以保障建筑的避雷安全。

114 种植屋面需要用照明设备吗？电缆设计应注意什么？

种植屋面根据花园式种植屋面和简式种植屋面的使用功能不同，或根据业主的具体要求可以设置也可以不设置照明设备。种植屋面设计中如有灯光布局需求时，电气和照明材料应符合现行国家标准 GB 16895.27—2012《低压电气装置 第 7-705 部分：特殊装置或场所的要求 农业和园艺设施》和现行行业标准 JGJ 16—2008《民用建筑电气设计规范（附条文说明 [另册]）》的规定。电缆线等设施应符合相关安全标准要求，电器和照明设计应符合下列要求，以确保用电安全：

1）种植屋面宜根据景观和使用要求选择照明电器和设施；

2）花园式种植屋面宜有照明设施；

3）简式种植屋面由于安全因素，不宜有照明设施；

4）种植屋面景观灯宜选用太阳能灯具，并宜配置市政电路；

5）电缆线等设施应符合相关安全标准要求。

115 种植屋面给水灌溉设计应注意哪些问题？

种植屋面多选用滴灌、喷灌和微灌设施。大面积的屋顶种植宜采用固定式自动微喷或滴灌、渗灌等节水技术，并应设计雨水回收利用系统；小面积种植可设取水点进行人工灌溉。

1）种植屋面应根据植物种类的不同来确定灌溉方式、频率和用水量；

2）乔灌木种植穴周围应做灌水围堰，直径应大于种植穴直径 20cm，高度宜为 15 ~ 20cm；

3）屋顶绿化新植植物应根据种植基质厚度，宜在当日浇透第一遍水，三日内浇透三遍水，以后依气候情况适时灌溉。

种植屋面灌溉用水不应喷洒至防水层泛水部位，不应超过屋面绿地种植区域；灌溉设施管道的套箍接口应牢固紧密、对口严密，并应设置安全泄水设施。

图 2-37　种植屋面给水设施

116 种植屋面通过何种设计技术可达到截留雨水再利用？

种植屋面可以通过雨水回水设计，利用排（蓄）水结构层进行回水，增强排（蓄）水材料、土壤基质材料的蓄存雨水的作用，从而完善屋面雨水的回水系统，达到截留

雨水的效果，一方面将多余的雨水通过建筑本身的管道排入市政排水系统，一方面将截留的雨水供给种植屋面植物养护期的浇灌使用。

117 种植屋面能收集屋面雨水，如何在屋顶设置集水装置?

种植屋面能收集屋面雨水的前提是建筑荷载满足要求，因为有一定集水规模的集水箱质量也比较大，需要有合适的位置放置，所以与建筑荷载有一定的相关性。要在充分考虑建筑安全的前提下，根据种植屋面的荷载大小、面积大小和集水条件，在有层级变化的屋顶设置多个集水装置，并且注意与建筑梁和柱之间形成安全对应关系，集水装置的外观也应考虑景观协调性。此外，种植屋面也可以建立统一的雨水收集系统，并且设置屋面雨水过滤循环使用系统，补充灌溉用水的不足。此项工作目前得到国内海绵城市建设的认可和支持。

118 种植屋面园林小品或附属设施设计有哪些注意事项?

种植屋面园林小品设计首先要考虑小品的荷载，尽量选用轻量化的材质和施工技术。种植屋面的设施设计除应符合园林景观设计的要求外，还应该重视种植屋面的特殊项：

1）水电管线等宜铺设在防水层之上；小型设施宜选用体量小、质量轻的小型设施和园林小品。

2）附属设施设计方面，种植屋面上宜配置布局导引标识牌，并应标注进出口、紧急疏散口、取水点、雨水观察井、消防设施、水电警示等。

3）种植屋面的透气孔高出种植土不应小于250mm，并宜做装饰性保护。

4）种植屋面在通风口或其他设备周围应设置装饰性遮挡。

5）屋面设置花架、园亭等休闲设施时，应采取防风固定措施；屋面设置太阳能设施时，种植植物不应遮挡太阳能采光设施。

6）屋面水池应增设防水、排水构造。

119 种植屋面花架、廊架、园亭设计应注意的事项有哪些?

种植屋面花架、廊架体量不宜过大，必须符合屋面荷载要求，尽量选择在建筑梁

柱结构上放置，其次屋面设置花架等休闲设施时，应采取防风固定措施。同时，花架应作防腐防锈处理，立柱垂直偏差应小于5mm。基于安全考虑应该安装避雷设施。园亭整体应安装稳固，顶部应采取防风措施。

图 2–38　注意花架的体量与设置位置

120 屋顶构架型小品的施工如何做基础，如何固定？

地面绿化的园林小品一般在地下空间足够的情况下做足够深和足够重的基础，以保证构筑物的结构安全，但是如果在屋顶上后增加一些园林小品或设置构筑物（如女儿墙围栏），若采取在楼板上穿钉生根的办法来稳定结构，会因为破坏了屋面的结构防水而不可行。因此，总结起来，种植屋面的构筑物基础做法有以下几种：

1）种植屋面中的构筑物基础采取横向延伸的方法，增加与屋面的接触面积同时增加配重，在深度不足的条件下增加构筑物的结构稳定性。

2）与屋面其他构筑物的基础连成整体，不同位置的构筑物互相成为配重，互相借力，增加稳定性，这样减少了屋面构筑物基础增加的总量，且有效提高构筑物的稳定性。

3）在有条件的情况下，可以将种植屋面设计提前介入到建筑设计项目中，预先确定好种植屋面构筑物的位置，从而便于结构设计和施工通盘考虑，做好构筑物的生根

基础，有效保证后期防水施工的安全性和屋面结构整体的安全。

121 种植屋面与屋顶的设备之间的关系如何处理？

种植屋面的景观区和设备区需要隔离保护，同时从景观角度考虑，设备区也需要美化，可以设置一定高度的格栅（视设备的整体高度而确定格栅的高度和材质），将设备和种植屋面景观区分隔开，格栅可以与屋顶其他景观相协调，也可作为攀缘植物攀爬的格栅。

屋顶有时会有建筑过梁、伸缩缝或设备管线横穿屋顶，在设计布局中还应尽量避开过梁和管线，在产生避免不了的交叉时，可设计成园桥跨过管线或过梁，来解决通行的问题。

图 2-39 屋面设备遮挡处理

122 种植屋面有哪些较好的护根覆盖物？

种植屋面中较好的护根覆盖物主要有机覆盖物和无机覆盖物。无机覆盖物维护费用低，且不易腐烂，但会使土壤通气性变差，影响植物生长。石子、砂砾、卵石、煅烧陶粒、火山岩是最常用的无机覆盖物类型。有机覆盖物主要利用树木实木部分，将其破碎、染色后覆盖在花坛露地、花盆表面、乔灌木下以及裸露的地表，起到改良土壤、美化环境的作用。

图 2-40　有机覆盖物

123 种植屋面中的微地形如何处理，应注意什么？

种植屋面做微地形处理，除了安全的需要，还有功能的需要和造景的需要。首先，屋顶种植空间受种植基质厚度和屋面顶板的限制，植物根系无法向下延伸，因此，种植灌木或小乔木就需要起微地形来满足植物根系分布和植物生长的需要；其次，种植屋面在做微地形处理时，应注意覆土厚度和植物栽植位置的设定，必须将微地形的重心位置设置在建筑屋面的梁柱点上，满足屋顶结构安全；再次，种植屋面上的微地形处理可以利用不同高度的植物种植变化来使微地形做到自然过渡，曲线自然流畅，增加种植屋面景观的趣味性。

124 如何处理屋顶因原有排水坡度造成的较大的高差？

屋顶的排水坡度一般在 3% 左右，大面积的屋面会造成较大的高差，若设计竖向按照统一标准取平，会造成部分区域基层过厚或部分区域种植基质深度不达标等情况。应在设计初期提前考虑高差问题，在竖向上通过台阶、种植池等竖向变化的方式消解高差造成的影响。

图 2–41 设计台阶消除高差

125 种植屋面的安全和完成质量非常重要，需要从哪些环节、哪些关键点进行把控？

种植屋面中的关键点为建筑荷载安全、女儿墙防护安全、排水安全、防水质量、养护质量等关键点，需要从前期准备阶段、设计阶段、施工阶段和后期养护几个环节进行把控。

1）项目前期准备阶段需要通过建筑相关专业检测待建建筑的建筑结构、荷载等关键数据和建筑结构图纸等材料，并且对待建屋顶进行实地勘察，将出入口形式、女儿墙高度、排水方式、防水情况、设备状况等条件搞清楚，作为种植屋面建设的前期保证。

2）设计阶段需要对安全技术关键点重点把握，如质量较大元素的位置应放置在承重点附近，设计增加的平均重量不超过建筑荷载，女儿墙的高度、与女儿墙之间的安全尺度、排水口等细节的处理，使用材料的属性等安全和质量相关的重点环节。

3）施工阶段是安全和质量把控的重要阶段，需要甲方、设计师、监理与施工方通力配合，更需要施工方注意细节。如堆料的位置应当均匀散开，不能集中堆放，防止重量过于集中；施工过程中注意对防水层的保护等。

4）施工后对使用方提出安全使用和养护要求，以确保种植屋面的长效保持和使用安全。

126 既有平屋面绿化改造设计包含哪些内容？植物配置应注意哪些问题？

既有建筑年代久远，一般荷载安全和防水安全是最先值得关注的问题。因此，平

屋面绿化改造设计包含以下内容：

1）屋面改造前必须检测鉴定结构安全性，应以结构鉴定报告作为设计依据，确定景观布局和种植形式。既有建筑屋面的防水层设计需要对原有防水层进行防水性能检测。耐根穿刺防水层上应设置防水保护层。

2）既有建筑屋面改造为种植屋面，由于荷载受限，宜选用轻质种植基质。

3）既有建筑屋面改造为种植屋面宜采用容器式种植，便于施工组装。

4）既有建筑屋面改造为种植屋面，因荷载受限，宜选用低矮的草本地被植物，不宜种植树木，后期养护管理必须做到低维护或免维护。

127 既有平屋面绿化改造避雷系统如何处理？

搭建花园时，应尽量避免破坏原有的防雷设施，并将金属构件的搭建物、超出原有保护范围的搭建物的防雷设施同原有设施做可靠焊接。

128 容器式种植有什么优势，如何排水，需要耐根穿刺防水层吗？

容器式种植屋面的优势是符合目前国内推广装配式建筑的要求，可提前在厂家进行植物培育，施工起来方便快捷，可快速实现绿化效果。在屋面荷载较低、条件复杂或耐根穿刺防水层结构不易施工的条件下，可利用带有阻根功能的种植容器简化施工过程。竣工后若有其他施工或维修与种植屋面发生交叉产生破坏，易于移动更换。

种植容器一般采取有组织排水方式，容器预制有排水口和导水管，设计要求排水方向应与屋面排水方向保持相同，并由种植容器排水口和导水管直接将水引向排水沟排出。容器种植的基层应按现行国家标准 GB 50345—2012《屋面工程技术规范》中一级防水等级要求施工，容器式种植的土层厚度必须满足植物生存的营养需求，因此不宜小于 100mm。种植容器应设置耐根穿刺防水层，容器下方置于防水层上应设置防水保护层。

129 容器式种植在设计上应注意哪些技术要求？

容器式种植在设计时应注意以下技术环节：

1）屋面选择容器式种植时，可选择普通防水层代替耐根穿刺防水层，并应对屋面防水层设置柔性保护层，种植容器必须设置在防水层上面。

2）种植容器设计可根据屋面条件和环境特点形成模纹图案，也可形成花境景观。

3）种植容器可按照不同规格大小，预先种植多种植物，包括乔木、灌木、草本植物、水生植物等，并按照园林式景观布局进行设计搭配，可以尝试形成丰富的园林景观效果。

4）种植容器应按图纸进行组装，放置平稳、固定牢固，与屋面排水系统连通。

5）种植容器设计组装应避开水落口、檐沟等防水的薄弱环节部位，更不得放置在女儿墙上和檐口部位。

6）容器式种植因种植基质层较薄，因此要求设计灌溉系统。

130 地下室顶板防水、保护层及排水设计应注意什么？

地下室顶板防水、保护层及排水设计应注意以下问题：

1）根据当地降雨情况及覆土厚度，考虑是否设置过滤层和排（蓄）水层；

2）下沉式地下室顶板因有封闭的周界墙，为避免排水层积水，造成植物沤根，应设自流排水系统；

3）地下室顶板种植应采用厚度不小于 70mm 的细石混凝土作为保护层；

4）顶板种植应按永久性绿化设计，种植土与周界地面相连时，宜设置盲沟排水；

5）顶板采用反梁结构或坡度不足时，应设置渗排水管或采用陶粒、级配碎石等渗排水措施；

6）顶板面积较大、放坡困难时，应分区设置水落口、盲沟、渗排水管等内排水及雨水收集系统。

131 地下室顶板的种植设计应注意什么？

为应对城市用地紧张的问题，城市地下室顶板种植一般是按照覆土厚度达到的相应要求来折抵绿地率的，因此国内各地区的地下室顶板覆土种植必须以地面绿化为蓝本，形成以乔木为骨架的园林景观效果。因此，应按照地面绿化的要求、永久性绿化的方式来进行园林景观设计和种植设计，植物种类乔灌草搭配，季相变化丰富，尽量满足生物多样性，绿化树种以乡土树种为主，不宜栽植过多速生树种。

图 2–42　地下室顶板绿化

132 坡屋面种植基本结构层次有哪些？坡屋面防水设计应注意什么？

坡屋面种植的基本结构层次从下至上包括：建筑基层、绝热层、普通防水层、耐根穿刺防水层、保护层、排（蓄）水层、过滤层、种植土层和植被层等。根据我国各地区的气候特点、屋面形式和植物种类等情况，可增减坡屋面构造层次。

坡屋面种植的防水层与保护层、排（蓄）水层之间应设置分离滑动层，防止防水材料滑动，同时各个层次之间更容易搭接。

133 坡屋面种植的防滑设计有哪些方法？

坡屋面种植设计，当屋面坡度大于或等于 20% 的，必须设置防滑构造，并应满足以下要求：

1）当坡屋面种植为满覆盖种植时，屋面可以采取挡墙或挡板等防滑措施。当设置防滑挡墙时，防水层应满包挡墙（图 2–43），而且挡墙本体还应设置排水通道便于水的通过；当设置防滑挡板时，防水层和过滤层还应在挡板下连续铺设（图 2–44）。

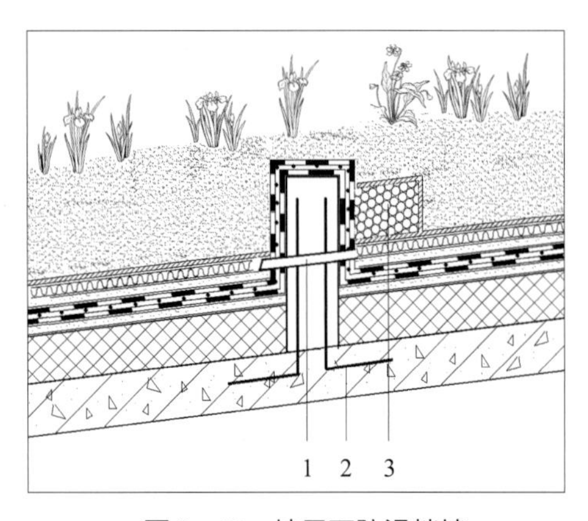

图 2–43 坡屋面防滑挡墙

1—排水管（孔）；2—预埋钢筋；3—卵石缓冲带

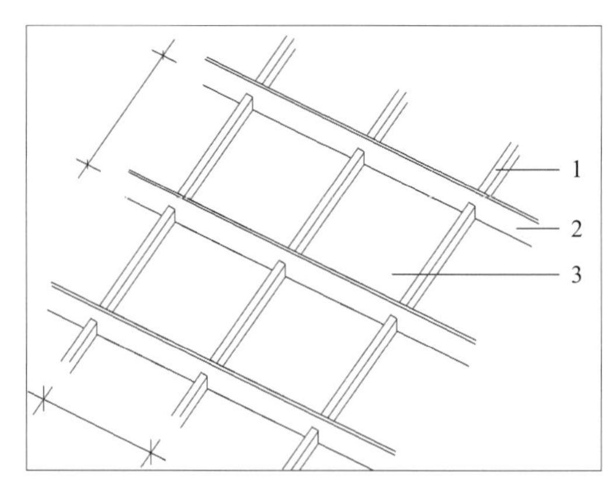

图 2–44 种植土防滑挡板

1—竖向支撑；2—横向挡板；3—种植土区域

2）当坡屋面种植不是满覆盖种植时，屋面完全可以采用阶梯式或台地式种植。阶梯式的坡屋面种植在设置防滑挡墙时，防水层应满包挡墙（图 2-45）；台地式的坡屋面种植应采用现浇钢筋混凝土结构，并应设置排水沟（图 2-46）。

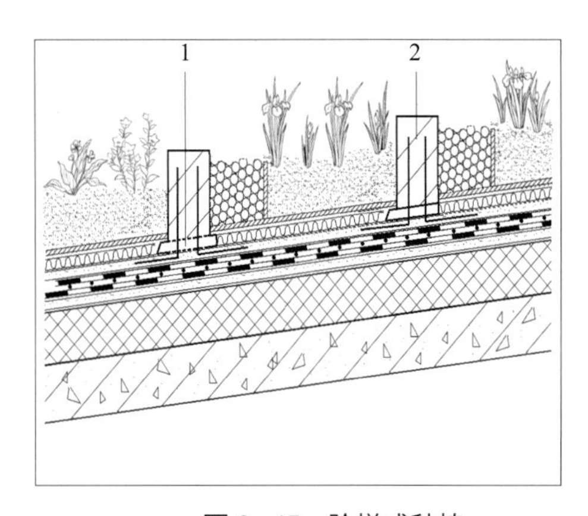

图 2–45 阶梯式种植

1—排水管（孔）；2—防滑挡墙

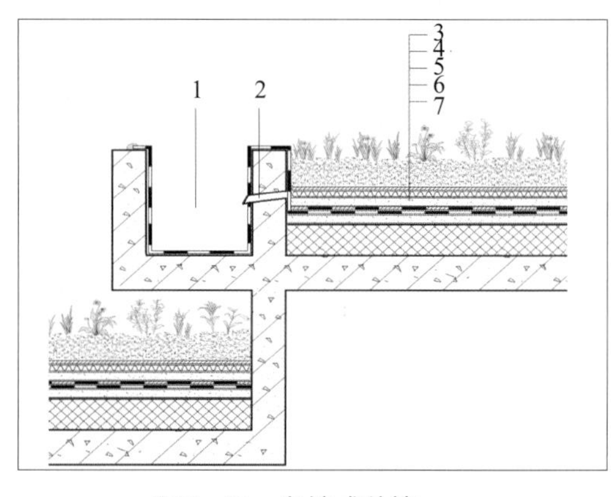

图 2–46 台地式种植

1—排水沟；2—排水管；3—植被层；4—种植土层；5—过滤层；6—排（蓄）水层；7—细石混凝土保护层

图 2–47 台地式的坡屋面种植

134 坡屋面种植设计应注意什么，还需要排水设计和灌溉设计吗?

当坡屋面的坡度小于 10% 时，坡屋面种植的植被层和种植土层并不容易滑坡，所以完全可以按照平屋面来进行种植设计；当坡屋面的坡度大于 10% 时，必须通过采取一定的坡面防滑措施或通过改进构造做法来解决：

1）如果构造做法采用满覆盖种植时，种植土容易滑动，最好种植低矮的草本地被植物，防止植物过高或倒伏；

2）如果构造做法采用阶梯式、台地式种植时，其实是可以当做每一个小面积的平屋面来设计的，种植土不会滑动，因此，不仅可以种植地被植物，也可以局部种植小乔木或灌木。

坡屋面种植需要做排水设计，而且必须和建筑本身的排水构造相结合。坡屋面种植排水设计必须设置排水层，以防止雨水地表径流过快过猛，直接冲刷表面。排水板设置在防滑挡墙底部，必须连续铺设，保证坡面排水的连续性；也可以采取局部设置排水设施的设计，例如在坡屋面防滑挡墙的两侧加强坡面排水，防止流水汇集此处造成排水不畅。坡屋面种植的灌溉设计以滴灌为主，喷灌为辅，并且要特别注意对灌溉设施进行固定和防滑处理。

图 2-48　坡屋面注意防滑与排水

135 不同性质和功能的建筑，种植屋面设计有什么不同？

不同性质和功能的建筑，包括政府机关单位办公楼、商务酒店、大型商场及写字楼、医院、疗养院建筑、中小学校、幼儿园建筑，私家屋顶或露台等，种植屋面设计也不尽相同，主要分为以下几类：

1）政府机关单位：此类种植屋面，不论是简式还是花园式屋面意愿，都必须根据其建筑自身的荷载状况来决定，在设计上应更体现不同的文化特质，体现简约大方的设计风格，兼顾休闲功能，注重新材料、新工艺以及植物新品种的应用，为种植屋面的推广起到展示与示范作用。

2）商务酒店、大型商场及写字楼：此类种植屋面，更注重人的参与和景观效果，一般面积较大，有一部分在建筑设计初期就考虑到建设屋顶花园，因此建筑荷载一般都比较大，多为 3.5 ~ 6.0kN/m^2，加之屋面面积较大，因此在设计上可多增加一些园林的要素，注重参与性和娱乐性。

3）医院、疗养院：此类种植屋面，多为政府推广项目，改造工程居多，屋面荷载一般较小，多为 1.5 ~ 2.0kN/m^2，因此建成项目中多以简式种植屋面为主，更注重生态效益。

4）中小学校、幼儿园：此类种植屋面，多为教育部门推广的种植屋面，在满足生态及景观要求的前提下，还应增加满足学校绿化空间拓展、科普、教育、展示以及文化内涵等相关内容。

5）私家屋顶或露台：此类种植屋面，多数在建筑设计时已考虑建设屋顶花园，因此荷载相对较大，业主对景观要求比较高，个性化突出，但因面积较小，施工作业面较为局促，工序复杂。

136 种植屋面在后期交付使用时，应注意哪些安全注意事项？

种植屋面在后期交付使用时，应注意以下几点：

1）相关人员在屋顶活动时，应避免出现剧烈运动以及容易引起共振的相关活动。

2）严格控制单次进入屋顶相关活动的人数（根据建筑活荷载具体情况而定）。

3）种植屋面建成后除日常维护外，应设专人负责检查屋顶水落口的使用情况。汛期前应做好相关设施的排查维护工作，确保水落口设施正常运行。汛期应巡查和清理

排水设施，出现问题及时修缮。

4）遇雨、雪、雷电、雾、4 级以上大风等天气，应禁止非维修人员登上屋顶。

137 现在有很多学校都建造屋顶花园，这对学校来说有什么意义？

中小学学校建造屋顶花园，主要有以下多方面的好处：

1）凸显校园文化：校园的教学宗旨、鲜明的校园文化会影响并传递到每个学生。种植屋面是小尺度、高技术、特殊空间、重设计的精品园林景观设计，更能在设计理念及设计细节上凸显校园的文化和办学理念。

2）美化校园环境：校园可用来绿化的地方非常有限，在校园建设屋顶花园可以增加校园的绿化面积，提高绿化率，提升校园的生态效益，还可以使校园的绿化以及景观形成多层次立体化的效果，并能将校园建筑和校园绿化环境更好地融为一体，为师生提供更好的生态环境。人性化、合理化的屋顶景观设计也会给师生营造一个良好的学习、交流氛围。

3）增加校园活力：扩展了校园教学及活动的空间，增加多元化的教学方式。屋顶所在的特殊位置，可利用其特殊性进行生态、绿化、环保、安全、气候气象等多方面的教学。

4）对学生的心理和行为产生积极的影响：环境能够对儿童产生深远的影响。相应年龄阶段的学生处在相适应其年龄的环境中，更能激发他们的潜能。种植屋面作为更加贴近师生的校园环境的一个重要环节，合理的设计能够给师生创造更好的学习环境，能够陶冶情操、娱乐身心，还能熏心启智、激发灵感、催人奋进，有助于学生们的健康成长。

138 中小学校和幼儿园做种植屋面设计，应注意什么问题？

中小学校和幼儿园做种植屋面设计，除一般种植屋面需要考虑的安全问题外，还需要考虑以下几方面的因素：

1）屋顶周边必须进行绿地围合，如可以采取厚度超过 1m 的绿篱来围合，也可以采取高度 1.2 ～ 1.5m 的木质或铁艺护栏围挡，保证在原有安全围栏的基础上，使孩子

们与屋顶边缘女儿墙之间保持最安全的距离。

2）利用丰富的设计元素，如开花艳丽的植物、色彩明快的景墙、造型独特的园桥、卡通形象的座椅等，将孩子们的注意力集中在屋顶区域的铺装广场，也就是安全中心地带。

3）屋顶从原则上不设置带有攀高、钻洞式样的复杂游戏设施，保证孩子们在屋顶游玩的安全性。

4）屋顶上所有的铺装、小品设施，所采用的材料都必须是环保安全耐用的材料，所有设施不能有尖刺或硬棱角，减少孩子们在屋顶活动时产生不必要的磕碰和刮伤。选用栽种的植物种类也必须是无尖刺、无毒、无易引起过敏、无飞毛、无污染的植物。

图 2-49　中小学设计注意寓教于乐

139 幼儿园的种植屋面设计与中小学的种植屋面设计，在功能和设计尺度上又有何区别？

幼儿园的种植屋面设计应根据不同年龄阶段幼儿的心理和生理需要进行设计，设计尺度相应减小。例如座凳、景墙、标识牌都必须降低高度；园路、台阶必须要适合儿童的步幅；座凳或休息空间的间距应适合儿童心理的安全距离或安全范围，密度适当加大；设计的色彩和造型应符合幼儿的审美，色彩应亮丽、丰富，设计造型应选择活泼明快的风格。在功能要求上，幼儿园的种植屋面适合多设置一些肢体协调、肢体平衡等方面的活动空间，适当加大铺装面积，也可以结合屋顶的一些种植区和活动区

设置一些简单的动手操作的活动内容。

中小学的种植屋面则可以结合学校的教学特长，在屋顶开展一些知识的学习和拓展。例如可以体现学校文化、生物学、昆虫学、农业种植、天文学、书法绘画等方面的内容，尽量做到优先发挥寓教于乐的作用。

图 2-50　幼儿园种植屋面设计应注意趣味性、色彩与尺度

140 为什么种植屋面要以植物造景为主，尽量少做铺装和园林小品？

种植屋面建议尽量减小铺装面积。北京市园林科学研究院“屋顶绿化技术研究与示范”的课题组 2006 年发布的相关测定结果表明，夏季高温季节建筑屋顶不同区域中，铺装区域热辐射最强，地表温度在 60 ～ 70℃之间，热岛效应显著，而种植区域的植物表体温度仅在 25 ～ 35℃之间。由此可见，种植屋面可以减少热岛效应，过多地设置铺装和园林小品，既加大了屋面的荷载负担，又增加了屋面的热辐射面积，与各级政府支持鼓励做种植屋面，发挥种植屋面化解、缓解城市建筑环境热岛效应的作用是背离的，所以我们建设种植屋面的主旨是生态优先，兼顾景观，两者关系不可倒置。

三 施工类

一 基础知识类

二 设计类

三 施工类

四 养护管理类

五 工程质量监理与验收类

六 工程造价类

七 试验检测类

141 新建建筑种植屋面施工内容包含哪些，工序流程分哪些步骤？

新建建筑一般荷载条件和防水条件会相对较好，因此适合于多种形式的屋顶绿化。其施工内容可以从屋面施工算起，其中包括了建筑屋面基层处理、绝热层施工、找平（坡）层施工、普通防水层铺设、耐根穿刺防水层铺设、保护层施工、排（蓄）水层和过滤层铺设、电气系统和灌溉系统施工、园林小品施工、种植土层铺设、植被层种植，以及环境清理和细部修整等一系列施工环节，具体流程见图 3-1。

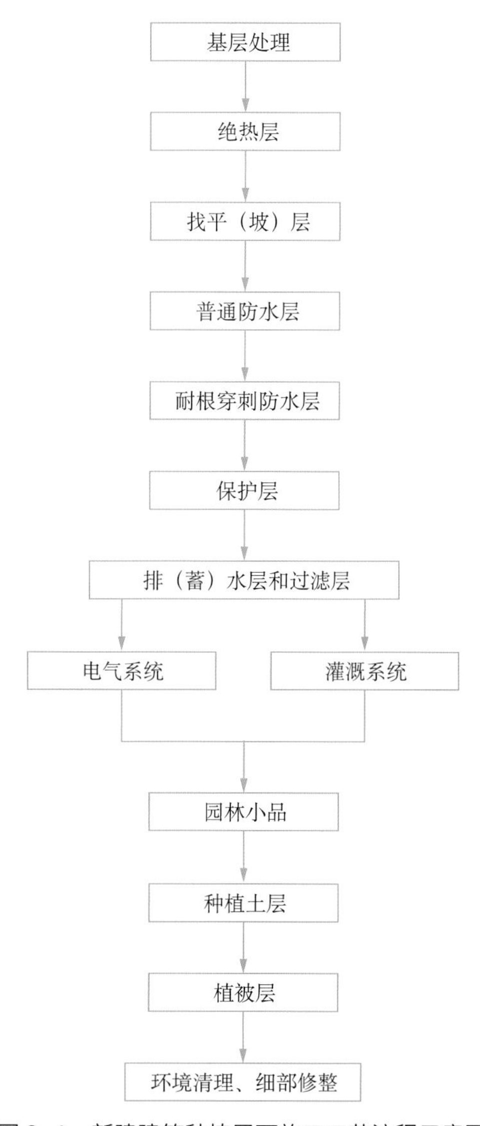

图 3-1　新建建筑种植屋面施工工艺流程示意图

142 既有建筑种植屋面施工内容包含哪些，工序流程分哪些步骤？

既有建筑一般荷载条件和防水条件会相对较差，因此对于原有建筑荷载的测试，以及屋面原有防水层性能的检验至关重要，只有上述两方面的问题解决了，才可以进行屋顶绿化。因此，既有建筑屋面种植施工内容包括荷载检测、防水层检验、普通防水层铺设、耐根穿刺防水层铺设、保护层、排（蓄）水层和过滤层铺设、电气系统和灌溉系统施工、园林小品施工、种植土层铺设、植被层种植以及环境清理和细部修整等，具体施工流程见图3-2。

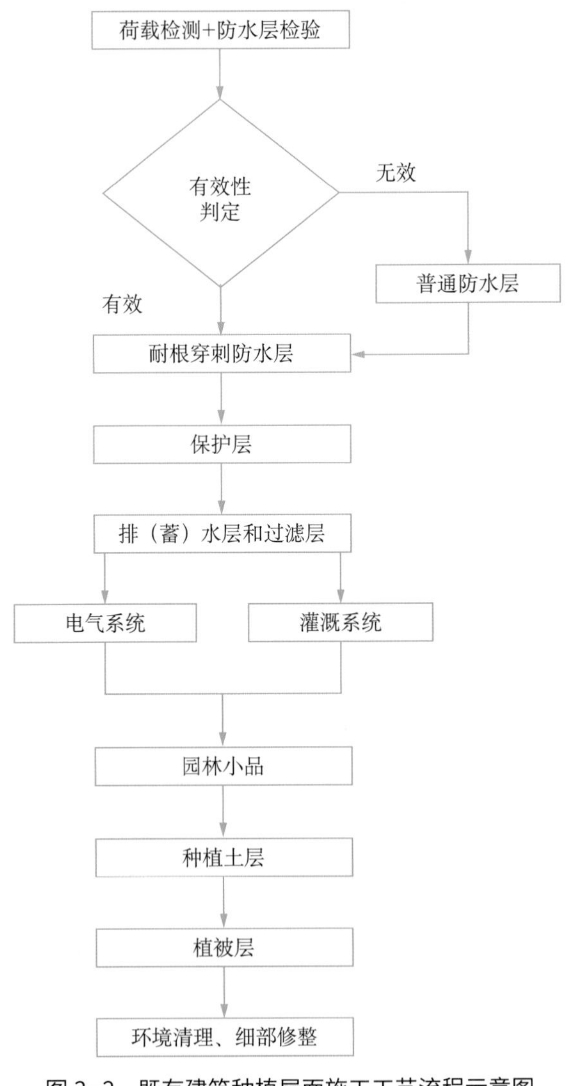

图3-2　既有建筑种植屋面施工工艺流程示意图

143 既有建筑种植屋面施工时可能出现的问题有哪些，如何妥善处理？

既有建筑屋面年代久远，荷载较小，质量较差，防水安全性较低。如果建筑屋面要改造成种植屋面，那么施工更要严格按照设计要求进行，有步骤地分项实施。施工重点是要做好屋面防水和排水工程，这是既有建筑屋面改造做种植屋面的技术关键。

1）如果既有建筑屋面的防水层完整连续，而且仍然具有防水能力时，施工时应符合下列要求：

① 种植屋面采取满覆土种植时，一定要增铺一道耐根穿刺防水层，防水层材料选择要和原来屋顶的防水材料材质相容。

② 种植屋面采取容器式种植时，应在原防水层上增设柔性保护层。

2）如果既有建筑屋面已经丧失了防水能力时，必须拆除原有屋面的防水层和其上部构造，而且必须要重新做普通防水层和耐根穿刺防水层，防水层材料要重新选择，防水材料的材质可以不用和原来屋顶的防水材料一致。

144 种植屋面施工前施工单位要做哪些准备工作？

种植屋面施工前，施工单位应做好以下几方面的准备工作：

1）屋顶防水和绿化施工应按照施工图及各专业规范程序进行施工，施工前应进行设计交底，明确细部构造和技术要求。

2）施工单位要编制施工方案、进行技术交底和安全技术交底。

3）防水材料、排（蓄）水板、种植基质和植物材料等种植屋面工程材料进场后，应按规定抽样复验，并提供检验报告，非本地植物还应提供病虫害检疫报告。

4）施工单位要提前确认施工场地的用水、用电、材料存放场地等临时设施能满足施工要求，并做好预案。

5）种植屋面施工应在防水工程完毕并通过蓄水试验检验合格后进行，后续施工要保护好防水层，不得造成防水层破坏。

145 种植屋面的施工组织设计和地面园林绿化的施工组织设计有何区别？

种植屋面的施工与建筑本体相关，大部分的施工场地为已建成的屋面，高空作业，安全系数低，施工干扰较多，这是有别于地面绿化。因此，施工组织设计和地面园林绿化的相比较而言，区别很大。

1）未交付使用的建筑，由于施工现场各工种交叉作业较多，施工环境复杂，施工组织设计要特别强调项目的特殊性。项目施工组的人员构成，项目经理的选派，施工人员的高空作业安全性教育，施工计划的制订，材料的进场检测，物料的堆放场地，各个工序之间的有效链接，垂直运输的方式，施工机械的租借配备，养护期的管理措施，非季节施工预案，与甲方、设计方和监理方的配合等，均较之于地面园林绿化的施工组织设计更加细致完整。其中，屋顶绿化材料的准备和搬运与一般地面园林施工不同，由于建筑的荷载限制和运输条件的限制，不能一次性快速地将大量材料运输到位，需要少量多次地进行备料和运输，边运输边施工，因此施工组织设计安排的时间应当考虑充分，合理利用，避免窝工等现象，且因为屋面施工作业面较小，安排现场作业面的时候应当相对分散，不宜集中，施工难度大。

2）已交付使用的建筑，一般施工需要根据建筑业主的时间要求进行施工，与使用者的作息时间息息相关。如学校的施工工期一般在周末或寒暑假；办公楼的施工工期在周末或下班后的夜间；居民楼的施工时间一般为白天。因此，施工组织设计要有针对性，结合不同建筑的使用功能、施工运料的方式、施工人员的安全性加以重点考虑。

以上是种植屋面的施工组织设计和地面园林绿化的施工组织设计的主要区别。

146 种植屋面施工安全工作应该注意哪些方面？

种植屋面施工为高空作业，其安全至关重要，必须特别重视，反复强调。具体来讲，容易忽视并应注意的关键问题如下：

1）建筑屋面周边靠近女儿墙的部位和屋面预留孔洞的部位，都是存在施工安全隐患的地方，必须设置安全护栏和安全防护网，或设置其他防止物品坠落的防护措施和警示标志。

2）当建筑屋面坡度大于 10% 时，应该采取必要的防滑措施，防止施工人员因站

立不稳造成摔伤或跌落。

3）所有上屋面的施工人员，无论从事什么工种，都必须强制性配戴安全帽，系好安全带并穿好防滑鞋，不允许在屋面上打闹嬉戏，个人物品必须放置在屋面指定地点，不允许随意放置，更不允许放置在女儿墙上。

4）屋面施工材料不得在屋顶集中码放，必须摊铺均匀，防止集中堆积造成屋面局部荷载压力过大，导致屋面顶板不均匀沉降使结构受损。

5）种植屋面施工在进行垂直运输时，要特别注意周围环境和过往行人车辆的安全性，需采取安全防护措施。

6）屋面施工应注意成品保护，尚未施工使用的防水材料和排水材料应进行保护性覆盖，避免因阳光曝晒而加速老化。

7）种植屋面施工现场必须设置必要的消防设施。

8）种植屋面施工过程中，遇到雷、雨、雪和风力 4 级及以上恶劣天气时，必须停止屋面施工作业，避免发生安全事故。

图 3–3　施工材料分散堆放

147 屋面找坡（平）层施工应注意哪些？

1）屋面找坡层材料配比应符合设计要求，施工完成后表面应平整；

2）屋面找坡层采用水泥拌合的轻质散状材料时，施工环境温度应保持在 5℃以上，当环境温度低于 5℃时，应当采取冬期施工的防护措施；

3）屋面找平层施工应保证结构坚实，表面平整光滑，无疏松、起砂、麻面和凹凸现象；

4）屋面基层与凸出屋面结构的交接处，以及基层的转角处均应做成圆弧状；

5）屋面采取内排水的水落口周围，应做成凹坑利于排水。

148 种植屋面进行防水检验应注意什么？

种植屋面防水检验应将平屋面和坡屋面区别开来，一般平屋面应当做 24 ～ 48h 的闭水检验，坡屋面应当做连续 3h 的淋水检验。但平屋面做闭水检验时应注意以下问题：

1）平屋面防水检验最浅水深应满足 100mm；

2）面积过大屋面应根据现场情况分区进行检验；

3）检验前应注意近期天气预报，在闭水检验 48h 之内，屋面检验现场必需留专人值班，遇到突降大雨时应及时放空屋面蓄水，避免雨水倒灌。

图 3-4 屋面防水的闭水检验

149 建筑原有屋面为广场砖或其他石材类铺装，施工时是否需要将原有面层剔除？

建筑屋面原有面层砖是否剔除，应分以下三种情况来分别处理：

1）当屋面进行防水检验后，证明原屋面防水性能已失效时，屋面原有面层砖应尽快剔除并重新做屋面防水工程，防水等级为一级防水，做两道防水层，其中包括普通

防水层和耐根穿刺防水层。

2）当屋面进行防水检验后，证明屋面防水性能完好时，为节约成本，可在原面层砖上仅增加铺设一道耐根穿刺防水层和防水保护层（柔性材料、刚性材料均可）。

3）当屋面防水检验证明屋面防水完好后，若屋面采取容器式种植，则屋面不再需要铺设耐根穿刺防水层，直接进行种植容器安装，并根据设计图纸，可留出一定比例的建筑原有屋面的广场砖或其他石材类铺装兼作园路或养护通道使用。

150 种植屋面绝热层宜选用哪些材料，分别应注意什么？

种植屋面绝热层材料通常有喷涂硬泡聚氨酯、硬泡聚氨酯板、挤塑聚苯乙烯泡沫塑料保温板、硬质聚异氰脲酸酯泡沫保温板、酚醛硬泡保温板等，注意不得采用散状的保温隔热材料。

种植屋面的绝热层应采用粘贴法或机械固定法施工，施工中应注意以下几方面：

1）保温板类施工注意事项：

① 屋面基层应平整、干燥和洁净；

② 保温板应紧贴基层，并铺平垫稳；

③ 铺设保温板接缝应相互错开，并用同类材料嵌填密实；

④ 粘贴保温板时，胶粘剂应与保温板的材性相容。

2）喷涂硬泡聚氨酯保温材料施工注意事项：

① 屋面基层应平整、干燥和洁净；

② 穿屋面的管道应在施工前安装牢固；

③ 喷涂硬泡聚氨酯的配比应准确计量，发泡厚度应均匀一致；

④ 喷涂硬泡聚氨酯保温材料施工环境温度宜为 15 ～ 30℃，风力不宜大于三级，空气相对湿度宜小于 85%。

151 屋面找坡（平）层一般选用哪些材料？

混凝土结构的屋面宜采用结构找坡，坡度不宜小于 3%（具体各地规范略有不同）。当采用建筑找坡（材料找坡）时，宜采用重量轻、吸水率低和有一定强度的轻质材料作为轻骨料，如轻集料混凝土、陶粒、炉渣、加气混凝土块等。

152 目前国内建筑防水有哪些类型？

我国建筑防水技术按照构造方式可以分为刚性防水和柔性防水两种类型。

1）刚性防水，又可分为防水层防水和结构自防水。

① 防水层防水是指将具有防水性能的防水材料，如掺有外加剂的混凝土、砂浆以及预应力混凝土等涂抹于构件的外表面来进行防水；

② 结构自防水是对建筑的屋面、外墙等构件的密实性采取相应的技术措施，或者对建筑的屋面、外墙等构件采取起坡、留置缝隙等工程措施来进行防水。

2）柔性防水，是在建筑施工时，将防水涂料或防水卷材等柔性的防水材料，采用涂抹或铺设的方式，对建筑的屋面、外墙等构件进行封闭处理，形成一定厚度的防水层来实现建筑防水的功能。目前我国建筑屋面防水多采用柔性防水，市场占比约为 70%。

153 防水材料铺设前对材料基底层有何要求？

大面积防水层施工前，对材料基底层应进行处理，清扫屋面，保持屋面干燥，无杂物。施工时尽量避开雨季施工。对于防水节点而言，材料基底层处理至为关键，例如在屋面阴阳角、水落口、凸出屋面管道根部、泛水、天沟、檐沟、变形缝等细部构造处，必须设置防水增强层，还应强调的是，增强层所用材料应与大面积防水层材料同质或相容。

154 防水层施工时的阴阳角怎样处理，应注意些什么？

防水层的阴阳角处的基层应按设计要求做成圆角或钝角，并在这些部位加做增强附加层，附加层可采用涂料涂刷，或采用卷材条加铺。阴角处常以全粘实铺为主，阳角处常采用空铺为主。附加层的宽度按设计规定，一般每边粘贴 50mm 为宜，也可采用涂刷 2mm 厚密封材料作为增强附加层。

图 3-5　屋面构筑物防水及阴阳角处理

155 不同类型防水卷材施工方法包括哪些，应注意哪些问题？

这里指的不同类型防水卷材施工主要包括沥青类防水卷材施工、高聚物改性沥青防水卷材施工、合成高分子防水卷材施工等。

1）沥青类防水卷材施工：

① 铺设方向应按照屋面的坡度确定，当坡度小于3%时，宜平行屋脊铺贴；坡度在3%～15%之间时，可平行或垂直屋脊铺贴；坡度大于15%或屋面有受震动情况时，沥青防水卷材应垂直屋脊铺贴。

② 卷材应采用搭接法，相邻两幅卷材和上下层卷材的搭接缝应错开。平行于屋脊的搭接缝应顺流水方向搭接；垂直于屋脊的搭接缝应顺年最大频率风向搭接。防水卷材长边和短边的最小搭接宽度均不应小于100mm。

③ 当铺贴连续多跨的屋面卷材时，应按先高跨后低跨，先远后近的次序。对同一坡面，则应先铺好水落漏斗、天沟、女儿墙、沉降缝等部位。

2）高聚物改性沥青防水卷材施工：

高聚物改性沥青防水卷材的施工方法有热熔法、冷粘法和自粘法三种。

① 采用条粘法施工，每幅卷材两边的粘贴宽度不应小于150mm。

② 采用冷粘法（冷施工）施工，是用胶粘剂进行卷材与基层、卷材与卷材的粘结，防水卷材搭接缝口应采用与基材相容的密封材料封严。

③ 采用自粘法施工，是用带有自粘胶的高聚物改性沥青防水卷材的施工方法，防水卷材与基层，与搭接缝口均可一次性封闭完成，无需另用密封材料做封边处理。

3）合成高分子防水卷材施工：

合成高分子防水卷材的铺贴方法有冷粘法、自粘法和热风焊接法三种。

①卷材收头部位宜采用金属压条钉压固定和密封材料封严。

②高聚物改性沥青防水卷材和合成高分子防水卷材可平行或垂直屋脊铺贴；坡度大于25%时，应采取防止卷材下滑的固定措施。

③胎基内增强的高分子耐根穿刺防水卷材的搭接缝边缘应有密封胶封闭。

156 高聚物改性沥青防水卷材热熔法施工时注意哪些问题？

高聚物改性沥青防水卷材热熔法施工时应注意以下问题：

1）铺贴卷材时应平整顺直，不得扭曲；

2）火焰加热应均匀，以卷材表面沥青熔融至光亮黑色为度；

3）卷材表面热熔后应立即滚铺，应排除卷材下面的空气，并辊压粘贴牢固；

4）卷材搭接缝应以溢出热熔的改性沥青为度，并均匀顺直；

5）热熔法施工的环境温度不应低于 −10℃。

图 3-6　高聚物改性沥青防水卷材热熔法施工

157 自粘类防水卷材施工时应注意哪些问题？

自粘类防水卷材热熔法施工时应注意以下问题：

1）铺贴卷材前，基层表面应均匀涂刷基层处理剂，干燥后及时铺贴卷材；

2）铺贴卷材时应排除自粘卷材下面的空气，并辊压粘贴牢固；

3）铺贴的卷材应平整顺直，不得扭曲、皱折。低温施工时，立面、大坡面及搭接部位宜采用热风机加热，并粘贴牢固。

158 高分子防水卷材施工时应注意哪些问题？

高分子防水卷材施工时应注意以下问题：

1）基层应平整、干燥、清洁，不得有疏松、起砂、起皮现象。

2）将防水卷材完全摊在基层上，以松弛片材的应力平整铺贴、压实。

3）在铺设时，不能猛力拉紧防水卷材。

4）施工时应注意防火，地下室密闭施工现场必须配备良好的通风设备方可施工。

5）高分子防水卷材搭接缝应密封处理，“T”形搭接处应做附加层，附加层直径不应小于200mm。

159 高分子涂料施工时应注意哪些问题？

高分子防水涂料可采用涂刮法或喷涂法施工。

当采用涂刮法施工时，要加强施工过程中的监督管理，严格遵守施工工序。涂刮时宜与前一遍涂刮的方向相互垂直，即两遍涂刮的方向相互垂直，涂覆厚度应满足设计要求，应均匀、不露底、不堆积。第一遍涂层干燥后，方可进行下一遍涂覆。

当采用喷涂法施工时，是利用特制的喷涂机将高分子涂料按照双组分或单组分的不同施工工艺，通过高压气冲直接喷涂在建筑防水施工面层上。由于喷涂是无接缝的整体施工法，屋面防水节点容易处理，质量容易控制，但往往由于屋面基层凹凸不平，表面喷涂厚度的掌控至关重要，因此，必须清扫屋面，保持干净无杂物，喷涂必须一次成型、均匀、不露底、不堆积。此外，施工现场工人的安全防护也至关重要，必须穿戴防护服，现场需隔离非施工人员或闲杂人员，注意迎风向的施工保护。

160 聚氯乙烯（PVC）和热塑性聚烯烃（TPO）类耐根穿刺防水层卷材施工应注意的问题？

聚氯乙烯（PVC）和热塑性聚烯烃（TPO）类耐根穿刺防水层卷材在施工时，应注意以下施工要点：

1）卷材与基层宜采用冷粘法铺贴；

2）大面积采用空铺法施工时，距屋面周边 800 mm 内的卷材应与基层满粘；

3）搭接缝应采用热风焊接施工，单焊缝的有效焊接宽度不应小于 25 mm；双焊缝的有效焊接宽度不应小于 10mm × 2+ 空腔宽。

161 三元乙丙橡胶类（EPDM）防水层卷材施工时应注意哪些问题？

三元乙丙橡胶类（EPDM）防水层卷材在施工时应注意以下问题：

1）施工前将基层表面清扫干净，不得有杂物，含水率不大于8%。

2）涂刷基层处理剂，涂布的作业面不得有气泡和漏涂。

3）阴阳角、后浇带等部位必须先贴加附加层500mm宽，单侧宽度不小于250mm；管根、管口部位将卷材裁成500mm的卷材条，将卷材与管根均匀涂好基层胶粘剂，晾置干燥待不触指时，将卷材条均匀地缠绕在管部位，之后在管部位正常施工。

4）需保证使基层和卷材两个表面都达到100%的涂布，但不要在卷材搭接区涂刷基层胶粘剂。

5）卷材与卷材的连接应采用搭接方式，用专用清洗剂清洁搭接区后，均匀涂刷搭接胶粘剂。

6）从最低处开始铺卷材，凡是天沟内、沉降缝、排气槽等须加贴一层。施工时确保纵向搭接8cm，横向搭接10cm，搭接需按顺水方向，严禁逆水方向铺贴。对各种穿屋面管、排气孔等管根部实行严密圈卷，卷好后严实封口。

7）防水层粘结牢固，无损伤、翘边、开口、皱褶。

8）卷材搭接缝，收口封闭必须严密、牢固，无脱层等缺陷。

162 聚乙烯丙纶和聚合物水泥胶结料复合防水材料施工应注意哪些问题？

聚乙烯丙纶和聚合物水泥胶结料复合防水材料在施工应注意以下问题：

1）聚乙烯丙纶防水卷材施工应采用双层叠合铺设，每层由芯层厚度不小于0.6mm的聚乙烯丙纶防水卷材+厚度不小于1.3mm的聚合物水泥胶结料组成；

2）聚合物水泥胶结料宜采用刮涂法施工；

3）注意施工环境温度不应低于5℃。

163 喷涂聚脲类防水涂料施工时应注意哪些问题？

喷涂聚脲类防水涂料施工应注意以下问题：

1）基层表面应坚固、密实、平整和干燥。基层表面正拉粘结强度不宜小于 2.0MPa。

2）喷涂聚脲防水工程所采用的材料之间应具有相容性。

3）两次喷涂作业面之间的搭接宽度不应小于 150mm，间隔 6h 以上应进行表面处理。

4）喷涂聚脲作业环境温度应大于 5℃、相对湿度应小于 85%，且基层表面温度比露点温度至少高 3℃的条件下进行。

164 种植屋面阻根层铺设高密度聚乙烯土工膜（PE 膜）施工时注意哪些问题?

种植屋面阻根层也叫耐根穿刺防水层，如果铺设高密度聚乙烯土工膜（PE 膜），其厚度不应小于 1.2mm，应注意的施工要点是：

1）宜空铺法施工，施工时应铺平、顺直；

2）宜采用焊接法，并且焊接牢固；

3）单焊缝的有效焊接宽度不应小于 25mm；

4）双焊缝的有效焊接宽度不应小于 10mm × 2+ 空腔宽，焊接应严密，不应焊焦、焊穿。

165 种植屋面施工时各类防水卷材搭接宽度有什么要求?

种植屋面防水卷材施工时的搭接宽度是依据材料特性而定的：

1）弹性体改性沥青防水卷材要求不小于 100mm；

2）改性沥青聚乙烯胎防水卷材要求不小于 100mm；

3）自粘聚合物改性沥青防水卷材要求不小于 80mm；

4）三元乙丙橡胶防水卷材要求采用胶粘剂施工不小于 100mm；若采用胶结带剂施工则不小于 60mm；

5）聚氯乙烯防水卷材单面焊施工要求不小于 60mm；双面焊要求不小于 80mm；胶结剂施工要求不小于 100mm；

6）聚乙烯丙纶复合防水卷材粘结料施工要求不小于 100mm；

7）高分子自粘胶膜防水卷材自粘胶施工要求不小于 70mm；胶结带施工要求不小

于 80mm。

图 3-7 屋面防水卷材搭接方式

166 耐根穿刺防水层与普通防水层相邻施工时，应注意哪些问题？

耐根穿刺防水层与普通防水层相邻时，施工应注意：

1）耐根穿刺防水层的高分子防水卷材与普通防水层的高分子防水卷材复合时，应采用冷粘法施工；

2）耐根穿刺防水层的沥青基防水卷材与普通防水层的沥青基防水卷材复合时，应采用热熔法施工；

3）屋面防水层的泛水高度应高出种植土不应小于 250mm。

图 3-8 耐根穿刺防水卷材与普通防水层施工

167 施工过程中防水的细节处理有哪些?

屋顶防水层无论采用哪种形式和材料，均构成整个屋顶的防水系统，屋面所有的管道、烟道、排水孔、预埋铁件及支柱等出屋顶的设备或设施，都是施工过程中的防水细节，都应该在做屋顶防水层时做到妥善处理，尤其是要做好管道、烟道、排水孔、预埋铁件及支柱等出屋面构件的节点构造，特别关注构件节点与土壤的连接部位和排水沟的水流终止部位，这些部位都是防水的薄弱环节，最容易产生渗漏。屋面整体的防水层，无论刚性防水层，还是柔性防水层，往往就是因为这些细小的屋面构造节点的防水处理不当，而造成整个屋顶的防水功能失效。

图 3-9　屋面构筑物节点防水处理

168 种植屋面的渗漏原因有哪些?

种植屋面施工过程中及后期交付使用过程中，都会由于施工维护不当，而造成屋顶防水及排水系统遭到不同程度的损坏，从而导致屋顶渗漏。

建造过程中，防水层上的多项施工工序可能会破坏原有防水层（如栽植植物时或回填土时用的铁铲、扁平铲、凿子、锤子、扫把、铁锹等园林器具都可能会铲漏防水层）。

工程竣工后，由于温度变化引起的热胀冷缩，屋面楼板受力后的变形、地基沉降

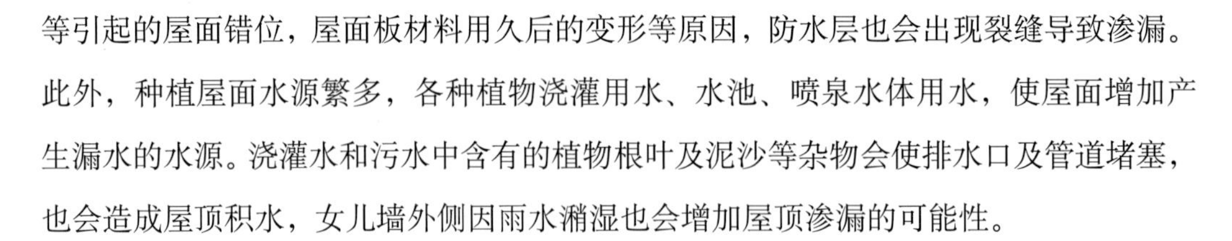

等引起的屋面错位，屋面板材料用久后的变形等原因，防水层也会出现裂缝导致渗漏。此外，种植屋面水源繁多，各种植物浇灌用水、水池、喷泉水体用水，使屋面增加产生漏水的水源。浇灌水和污水中含有的植物根叶及泥沙等杂物会使排水口及管道堵塞，也会造成屋顶积水，女儿墙外侧因雨水溯湿也会增加屋顶渗漏的可能性。

169 种植屋面在施工中如何应对防水渗漏问题？

种植屋面施工中为应对防水层可能的渗漏，可采取如下解决方法：

1）做好屋面防水性能的闭水试验；

2）施工全过程保证屋面排水良好；

3）注意施工中不损伤原防水层；

4）重视防水层的材料质量和施工质量；

5）注意屋面防水节点构造的细部施工处理。

170 屋面防水层完成后，怎样保证不会破坏防水？

种植屋面防水施工完成检验合格后，需进行防水保护层施工。草坪地被类植物为主的种植屋面，施工时可选用聚酯无纺布材料满铺作为柔性防水保护层；乔灌木搭配、有景观小品的花园式种植屋面，施工时应选用 40mm 厚细石砂浆做刚性防水保护层，并且在施工中应防止尖锐器物对屋面防水层造成二次伤害和破损。

171 种植屋面排（蓄）水层施工应注意那些问题？

种植屋面排（蓄）水层施工必须与屋面原来的排水系统连通。铺设时应注意以下问题：

1）排（蓄）水设施施工前，应根据屋面坡向确定整体排水方向；

2）排（蓄）水层应铺设至排水沟边缘；

3）塑料排（蓄）水板宜采用搭接法施工，搭接宽度不应小于 100 mm；

4）网状交织、块状排水板宜采用对接法施工，注意对接紧密，确保连续性；

5）排水层采用级配碎石、陶粒等材料施工时，级配碎石的粒径宜为 5 ～ 25mm；

铺设厚度不宜小于 100mm；陶粒的粒径不应小于 25mm，堆积密度不宜大于 500kg/m^3，铺设厚度宜为 100 ～ 150mm。

图 3-10　种植屋面排水层施工示意图

172 种植屋面过滤层施工时应注意哪些问题?

种植屋面过滤层通常使用无纺布材料，也称之为无纺布过滤层。应注意以下施工要点：

1）无纺布过滤层施工时，无纺布材料应为 150 ～ 200g/m^2；

2）无纺布过滤层应满铺，满铺应保持平整、无皱折；

3）无纺布过滤层搭接应采用粘合或缝合方式；搭接宽度不应小于 150mm，于种植挡墙边缘上翻时应与种植土高度一致。

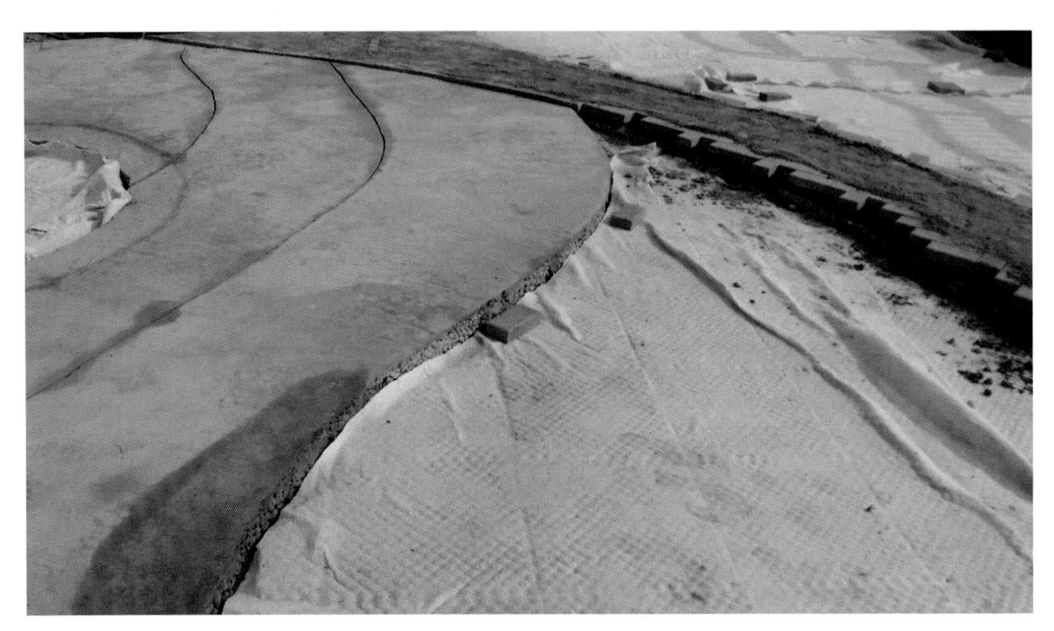

图 3–11　种植屋面过滤层施工示意图

173 种植屋面灌溉施工时应注意哪些问题？

种植屋面灌溉施工时应注意以下问题：

1）首先确定水源压力是否满足屋面绿化灌溉需求，如压力不够时必须增设加压设备；

2）屋面灌溉系统的支管或末级管道应铺设在排（蓄）水层的上面；

图 3–12　屋面给水管道施工示意图

3）灌溉过程中，必须确保灌溉水不会喷洒到女儿墙或建筑立墙的防水层泛水部位，确保灌溉水不会越过屋面绿地种植区域，并且严禁灌溉水喷溅至楼下；

4）屋面灌溉管道的套箍接口应确保牢固紧密，对口严密，并应设置泄水设施；

5）屋面灌溉系统设备的安装施工、试压、冲洗与试运行，同样应满足现行国家标准 GB 50268—2008《给水排水管道工程施工及验收规范》中的相关规定。

174 女儿墙侧立面的排水口排水时如何防止基质的流失堵塞排水口？

建筑屋面上的排水口通常被叫做水落口。屋面水落口的形式很多，如外排水式水落口（连接外水落管）、内排水式水落口（口径较大，连接内排水管）、虹吸式水落口（口径较小，连接内排水管）。其中，女儿墙侧立面的水落口，一般属于外排水式水落口，可依据屋面现场情况，根据水落口口径的大小和形状，定做不锈钢的排水观察口或侧立的雨水箅子、金属网眼等，固定在水落口内侧；再将卵石（或陶粒、或砾石）按照一定宽度和厚度，连续不间断地填充于女儿墙一侧的缓冲带内，既辅助排水，同时又起到防止杂物进入水落口造成排水堵塞的目的。此外，在屋面日常养护过程中，还应定期清理水落口周围的枯枝落叶。

图 3-13　种植屋面排水口处理示意图

175 种植土应采取哪些措施来防止扬尘？

种植土进场后应及时摊平铺设、分层踏实，平整度和坡度应符合竖向设计要求，

摊铺后的种植基质应采取表面覆盖或洒水措施防止扬尘，具体有以下措施：

1）屋顶进行种植土施工时，注意大风天气（4 级以上）不宜进行种植土施工；

2）春秋两季风干物燥，在屋面实施种植土施工时，应适时将种植土表面喷洒浸湿，防止屋面二次杨尘；

3）大面积屋顶也可采用纱网或无纺布覆盖，植物栽植完成后，裸露的种植土部分应选用轻质陶粒或有机覆盖物迅速进行覆盖，覆盖厚度不应少于 30mm。

图 3–14 覆盖防止扬尘

176 轻型种植基质在施工时应当注意什么？

基质运输至屋顶时首先应当均匀放置在屋顶，以免对屋顶局部位置的荷载造成压力。铺设种植基质时应当一层一层逐步铺设。施工过程中刚铺设的种植基质较为松散，且在未进行植物栽植之前，质量轻密度低的种植基质很容易被风吹散，需要对刚铺设的种植基质进行淋水压实，在种植基质沉降后再进行补填，直至达到种植基质设计深度为止。

在种植植物之前要用防风网布对种植基质进行覆盖保护，同时需要对种植基质洇湿，保证种植时种植基质湿度保持在 30% 左右，以提高植物的成活率和发根速度。若屋面绿地面积过大，可边铺设边种植边灌溉，减少轻型种植基质因风吹散所造成的不

必要损耗。

177 容器式种植屋面施工的步骤与覆土式种植屋面的施工步骤有何区别?

容器式种植屋面的优点是施工方便快捷，主要原因在于能够直接在容器中进行植物培苗，节省了换盆、移栽等步骤。在完成屋面防水和灌溉系统铺设之后，就能够将已长好植物的种植容器直接运送至屋顶进行拼接安装，迅速成景。后期养护管理阶段，长势不好的容器苗还可以得到及时更换和补救，屋面的局部翻修工作也可以通过移动容器迅速解决，因此，较之于覆土式种植屋面的施工和养护管理优势多多。

178 容器式种植施工时应注意哪些问题?

容器式种植施工时应注意以下问题：

1）容器安装施工前，应当按照种植设计要求预先铺设好灌溉系统；

2）应按照种植设计要求进行组装，容器放置平稳、固定牢固，并与屋顶排水系统相连通；

3）容器安装时应避开屋面水落口、檐沟等部位，不得将容器安装或放置在女儿墙上和檐口部位。

179 屋面种植乔木、灌木时应注意哪些问题?

乔木、灌木种植时应注意以下问题：

1）小乔木、灌木种植深度应与原种植线持平，易生不定根的树种栽深宜为 50 ~ 100mm，常绿针叶树栽植时土球应高于地面 50mm，填土应分层踏实；

2）移植带土球的树木应拆除不易腐烂的包装物；

3）栽植穴应根据土球的直径加大 600 ~ 800mm，深度增加 200 ~ 300mm，带土球苗的树木入穴前，应注意调整最佳观赏面；

4）进场的植物宜在 6h 之内迅速栽植完毕，未栽植完毕的植物应及时喷水保湿，或采取临时假植措施。

180 种植屋面施工中，大乔木可否全冠全叶移植？

几乎所有的甲方都希望种上去的树能保留全冠全叶，不修剪，施工完就能呈现良好的效果。但是屋顶用苗一般需要控制生长，修剪后恢复时间也会较长，可采用如下方法处理：

1）苗圃培育容器苗，使苗木通过容器中的养分就能保证自身良好地生长。

2）在移植中保证容器苗的土球完整无损。

3）种植时要浅种，排水透气都要好，因为容器苗在培育时多放置于地面，四周通气且排水良好。

4）容器苗的形式有多种，有塑料容器、种植袋、无纺布袋、砖块围堰等。

181 屋面种植草本、地被类植物时应注意哪些问题？

草本植物种植时应注意以下问题：

1）屋面种植应根据植株的高低、分蘖多少、冠丛大小等来确定栽植的株行距；

2）种植深度应为原苗种植深度，并保持根系完整，不得损伤茎叶和根系；

3）花卉栽植应按照屋面种植设计图定点放线，在屋面准确划出位置、轮廓线；

4）花境栽植放样、密度、图案等应符合设计要求，花境应先栽植大型植株，定好骨架后依次栽植。

图 3–15 花卉及地被屋面栽植效果示意图

182 种植屋面植被层施工时，植物移栽有哪些要注意的细节？

种植屋面植被层施工时，植物移栽应注意以下问题：

1）植物宜在休眠季节或营养生长期进行移栽，这样上屋顶的成活率会较高；

2）如果必须要反季节移栽，会影响到屋顶植物的成活率，尤其是不宜在植物开花或结果的时期进行移栽；

3）植株移栽的株行距，要以成苗后能覆盖屋顶种植土层表面为宜；

4）球茎植物的种植深度宜为球茎的 1 ～ 2 倍；

5）块根、块茎、根茎类植物可覆土 30mm；

6）移栽植物宜在 6h 之内栽植完毕，未栽植完的植物，一定要在屋顶背阴处采取适当的假植措施，及时喷水保湿，尽快完成栽植，加大植物移栽的成活率。

图 3−16　初栽植物在屋顶要采取遮荫处理

183 种植屋面施工中植物如何防风？

1）施工前应对上屋顶的苗木进行修剪，除去过密、过高枝条；

2）屋面应种植抗风植物，并应首先考虑建筑层高和朝向问题，植物应对抗风的固定措施，并根据主风向设置植物支撑或牵引方式；

3）屋面凡是大于 2m 的乔灌木都必须采用地上牵拉或支撑法、地下锚固法；植物固定应牢固，绑扎树木处应加垫衬，不得损伤树干。

图 3-17 屋面植物地上支撑法

图 3-19 屋面植物地下锚固法预制件

图 3-18 屋面植物地上牵引法

184 种植屋面施工后，如何检查确认苗木是否成活？

几乎所有的施工人员都知道苗木问题要及时发现，及时处理，但往往很多施工单位都是在苗木枯萎死亡后才发现。在此，我们希望施工人员能重视施工后的检查，及早发现问题进行解决，提高苗木的种植成活率。

1）了解苗木的情况，产地环境、土球大小、运输时间、种植季节等。

2）了解种植基质情况，埋深是否够深、pH 值、土壤密实度、是否积水等问题。

3）用手有意识地推动树杆，看土球与土壤是否结合紧密。

4）检查是否种植过深或土球表面覆土过多，以免造成根系窒息死亡。

5）检查树木是否有支撑或支撑是否牢固，以免风吹造成根部松动，与土壤分离，致使树木死亡。

6）检查树干及枝条是否有破损或修剪方法不当，以免病菌从伤口侵入树体内，造成树木衰弱。

7）观察树体上部情况，叶片是否有卷曲枯萎或非正常脱落，如有应及时用掏洞法

查看根系情况，是否有腐烂，腐烂到何种程度，再来考虑是否能救活，因为根的好坏是树木成活的关键。

185 种植屋面施工中，对于片植灌木部分的死亡有何解决手段？

屋面施工中往往比较注重乔木的成活率，但事实上灌木也存在不可忽视的死亡现象，只是由于价值没有乔木那么高，所以忽略了。

1）灌木在购买时也要严把验收关，对泥球破损的应退货处理或种在不显要的位置，便于今后加强养护。

2）屋面种植区域的地形要饱满，以馒头形为佳，既提高了色块的立体感和观赏性，又避免种植后因积水而死亡。

3）当来苗数量过多来不及一起种植时，也应将带不住泥球的用于绿篱、色块的植物（例如金叶女贞、红叶小檗等）苗木先行种植。

4）种植前尽可能利用小工具，根据植株土球高矮挖穴下种，而后覆土并捣实，避免破坏建筑的结构层。种植过浅，下雨后土球会暴露在外，不易保水，容易死亡，但也不能过深。

186 种植屋面施工中苗木土球破损怎么办？

在施工中土球因垂直运输造成破损是经常碰到的问题，由于土球损伤，有效须根受损，根压减小，不能吸收土壤中的养分，会影响到成活率。

1）尽可能不用土球破损的苗木。

2）如果必须要种植苗木，则在吊运、移动苗木过程中应尽可能保持未破损土球部位的完好。

3）种植土球破损的苗木的种植基质必须要配好，树穴排水要顺畅，为种植后根系促发新根创造最好的土壤环境。建议用二次沉降法来种植，覆土高度以恢复原有土球高度为好，用稀释的植物活力素根部浇灌液进行根部浇灌。

4）种植后要进行修剪，加大修剪的量，伤口用伤口涂补剂封口。绕杆绑扎要细致，有条件的可进行局部喷雾，以提高空气湿度。

187 种植屋面施工中树皮与树根损伤怎么处理?

在垂直运输大型乔木时一般多用吊车来辅助吊装，传统的操作是用钢丝绳加保护物起吊树杆或树杆与土球同时起吊。由于保护物易脱落，所以一不小心，树皮或树根就有可能被钢丝绳或机械损伤，可采用如下方法处理：

1）由于树皮破损，会使皮质部和木质部中间的养分输送断裂，从而影响苗木成活或生长，所以应尽可能保护树皮不被损伤，预防为主，用吊车代替钢丝绳，并用麻片和竹片包扎树杆。

2）对于树皮块状起翘或部分脱落，可先消毒，将树皮恢复原样，用树杆注入液浸灌，再用草绳或麻片绑扎，裹紧，每隔一段时间重复用树杆注入液浸灌，并于一周左右用喷雾器再次消毒。

3）对于树皮完全脱落的，用伤口涂补剂，再用草绳或麻片绑扎。

4）如果是树根损伤，则先修剪坏根，用伤口涂补剂封口，促进其愈合，使养分不流失。

188 屋顶基础层使用的混凝土为轻质混凝土，施工时需要注意什么?

轻质混凝土有陶粒混凝土、泡沫混凝土、加气混凝土等类型，最常用的是较便宜和便于施工的是陶粒混凝土。陶粒应在搅拌前用水淋湿，一般以水泥：陶粒 =1：8 的配比来搅拌。在屋顶需要使用轻质混凝土的地方制作围合形成磨具，然后填入轻质混凝土，铺设时需要夯实拍平，力度以不破坏陶粒为宜，大面积铺设时需要每长度 4m 做一条 10mm 宽的防冻伸缩缝。

189 荷载较小的屋顶上如何固定钢板种植池?

正常情况下钢板种植池需要较厚的基础层，而在屋顶上由于承载能力有限，往往不能保证应有的基础层厚度。因此在屋顶上的钢板种植池，与铺装相邻一侧的基础为轻质混凝土梁，与绿地相邻的一侧基础每隔 500 ~ 800mm（可根据具体项目确定数值）埋设一块轻质混凝土土块，基础中每隔一段距离设有预埋件以固定钢板种植池。

190 屋面铺装及面层施工时应注意哪些问题?

屋面铺装及面层施工时应注意以下问题:

1)园路铺装施工不得阻塞屋顶排水系统,应确保排水畅通。

2)园路铺装基础应稳固,铺装表面应平整,不得积水。

3)硬质铺装基层、面层所用材料的品种、质量和规格应符合设计要求;面层与基层的结合(粘结)应牢固,无空鼓,无松动。

4)石材面层铺设前应先按铺设范围排砖,边沿部位形成小粒砖时,应调整砖块的间距或进行两边切割。面砖块间隙应均匀,色泽统一,排列形式应符合设计要求,表面平整不应松动。

5)卵石面层应色泽一致、颗粒大小均匀,规格符合设计要求,不应有开裂、水泥浆或酸洗液残留、腐蚀痕迹。

图 3-20 铺装施工

191 屋顶上的园林座凳如何有效减轻其荷载?

屋顶上最重要的问题就是荷载安全,在荷载有限的屋顶上无法使用较厚的混凝土基础,同时也要避免使用自重较大的钢筋混凝土和石材等材质,可以使用角钢做钢骨架,木板固定在角钢架子外侧,螺栓固定。总体要求是种植屋面的石材座凳的材料也要选择用轻体砖代替普通砖砌筑,以减轻其自身荷载,保证屋顶的荷载安全。

192 如何提高屋顶上设备围挡的基础稳定性？

屋顶上的设备围挡必须考虑到建筑荷载安全问题，尽量避免选择石材、砖砌等自重较大的材质，可选择木材、铝板、单面钢板等自重较小的材质。在屋顶上设备围挡的基础厚度有限，因此保证设备围挡的稳定性十分重要。在施工中，把混凝土基础做成鱼骨状，增大基础承载面积，可减少局部荷载压力，保证其基础更加稳定。

193 种植屋面园林小品施工应注意哪些问题？

种植屋面园林小品施工应注意以下问题：

1）园林小品施工应保证屋顶防水、排水和屋顶原构筑物的安全；

2）安全防护栏杆应安装牢固，整体垂直平顺，并做防腐防锈处理；

3）屋面花架应做防腐防锈处理，立柱垂直偏差应小于 5mm；

4）屋面设置园亭最好是根据设计图纸提前预制，到屋面进行整体安装，安装应稳固，园亭顶部还应采取防风和防雷措施。

图 3−21 种植屋面园林小品施工

194 屋顶上的钢板水池施工需要注意什么？

在屋顶上钢板水池用整张钢板做水池底，首先经济上不合理，其次影响美观。因为大面积的钢板中间部分会有自然的鼓起现象，而屋顶上水池较浅能看出池底不平，因此影响其美观效果。多块钢板拼接时，由于焊接时温度较高，容易破坏屋顶现有的

防水层和保护层，所以不应使用双面焊接。因此屋顶上的钢板水池应使用多块钢板单面焊接的方式进行拼接，并且要保证焊接质量，注意焊缝质量达到要求。

图 3-22　屋面钢板水池施工

195 发光字体如何在屋面景墙墙面上固定而不露灯线？

屋面景墙上的发光字体本是为了提升景观效果和体现标识性。若是灯线露在外面反而大大影响其美观效果，然而在屋顶上，铺装以下的基础部分较浅，经常无法做到将灯线部分埋入基础层中，因此在屋顶景墙上若设有发光字体，应将灯线部分巧妙隐藏到景墙里面或者放在发光字体后侧并且加槽固定在槽内，以保证其景观效果。

196 屋顶上的景观廊架如何保证稳定性？

为保证屋顶上的荷载安全问题，景观廊架不应使用传统的钢筋混凝土廊架，可以选择钢木廊架、木廊架、竹廊架等材质较轻的新型廊架。由于屋顶上基础层厚度有限，其混凝土基础应做成鱼骨状或田字形，埋设扁钢与预埋件均匀分布，以分散荷载压力，保证其基础的稳定性。

197 屋顶上的栏杆施工应注意哪些问题？

屋顶栏杆通常有各种材质和外观形式，在屋顶上起到分割、导向、围护、警示的作用。由于荷载安全问题，屋顶上的栏杆不宜采用石栏杆、水泥栏杆等自重较大的栏杆，应选用木质栏杆、不锈钢栏杆等自重较轻的栏杆。而屋顶上为保证荷载安全，基础层会较浅，可将木柱下部套镀锌钢靴，并通过带垫圈螺栓和螺帽固定，钢靴下设置预埋件，两者焊接固定，这样就可保证在较浅的基础层安全固定栏杆了。

198 木柱如何在屋顶上生根固定？

屋顶上最重要的问题就是荷载安全，在屋顶上无法使用较厚的混凝土基础，木柱的埋深通常不能达到应有的深度，因此为保证木柱在屋顶上的良好固定，也可将木柱下部套镀锌钢靴，并通过带垫圈螺栓和螺帽固定，保证木柱和钢靴的紧密结合，钢靴下设有预埋件，两者焊接固定，这样就可在较浅的基础层固定木柱。

199 种植屋面在做附属设施工程的施工时应注意什么问题？

种植屋面的附属设施施工至关重要，一定要保证屋面防水、排水和屋顶原有构筑物的安全。施工中应注意的问题大多集中在人员安全和防水、排水方面：

1）屋面施工最要考虑的是施工人员安全，因此，施工第一步是对屋面防护栏杆的安全性进行评估，严格按照设计施工图的要求，对屋面防护栏杆进行安装或加固，高度也要严格按照设计要求，护栏还应做防腐防锈处理，安装紧实牢固，整体垂直平顺。

2）种植屋面离不开灌溉系统。灌溉系统工程施工中，灌溉系统设备安装施工、试压、冲洗与试运行应满足现行国家标准 GB 50268—2008《给水排水管道工程施工及验收规范》的相关要求，并且要特别注意到，屋面灌溉系统的支管或末级管道一定要铺设在排（蓄）水层的上面，灌溉用水不应喷洒至防水层泛水部位，不应超过绿地种植区域；灌溉设施管道的套箍接口应牢固紧密、对口严密，并应设置泄水设施。

3）种植屋面的电器系统施工中，所用的电线或电缆都应选用能防水的材料，采用暗埋式施工，在线路的连接接头处应做好绝缘处理，必须保持无缝、紧密和牢固。

4）为了防止植物被干热风吹焦、吹死，屋面通风口周围还应设置封闭式遮挡。

5）屋面的太阳能采光板设置高度要高于屋面植物的植株高度，这样才能发挥太阳能采光板最大的采光功能。

200 屋面电气照明、防雷系统施工应注意哪些方面？

屋面电气照明、防雷系统施工应注意以下问题：

1）电线、电缆应满足电气专业的防护要求，应采用暗埋式，连接应紧密、牢固，接头不应在套管内，接头连接处应做绝缘处理；

2）屋顶设置太阳能灯具时，应做到安装牢固；

3）防雷装置的连接应牢靠，应采用电焊或气焊，不得采用绑接和锡焊；

4）当引下线较长时，应在建筑物的中间部位增加均压环。

201 种植屋面垂直运输有哪些方式？

种植屋面施工中进行垂直运输的方式主要有吊车运输、客梯人工搬运、货梯垂直运输、电动提升吊机等多种方式。在垂直运输中应注意以下问题：

1）既有建筑种植屋面改造垂直运输大多采用电梯人工搬运，该方式应注意成品电梯的保护以及不要出现超载。

2）5层以下建筑如下部场地宽敞的话也可采用吊车集中运输，注意集中吊运不得在楼面板上集中码放。

3）新建建筑最好协调好工程货梯实施垂直运输，需要提前与建筑工程总包方协调好工期事宜。

202 种植屋面施工离不开垂直运输，如何安全地进行垂直运输？

种植屋面材料垂直运输是具有一定危险性的高空作业，应时刻注意安全问题，保持警惕性，要有安全预案，文明施工。在运输过程中要有防坠落措施，并且一定要根据建筑的实际情况，选用不同的方式来进行材料的垂直运输。

1）种植屋面的垂直运输高于3m的，应该设置相应的机械设备，一般可选用升降梯或在有条件的情况下利用建筑本身的电梯来进行垂直运输。

2）对于建筑有电梯，但又不方便架设机械设备的，只能采用人工搬运方式来解决材料的垂直运输问题。

3）对于起吊机械的搭建一定要符合相关规程的要求，并经常检查维修，作业前先检查机械的安全性和稳定性。

4）起吊构建和料具设有专人指挥和管理，要禁锢牢靠，起吊材料的总重量一定要做到心中有数，不得盲目起吊，更不能超过机械的最大承载力。

5）种植屋面与新建建筑同期施工的，可以直接使用吊塔或升降机来进行屋顶材料的垂直运输。

6）如果建筑层高低于 6 层，而且女儿墙外 50cm 以内没有障碍物的，可以架设小型的电动提升吊机，使用吊机车运输或选用龙门提升机械；如果建筑层高高于 6 层的，要根据建筑的周边情况，看看是否可以架设大型电动提升吊机或搭建悬臂式起重机。

203 种植屋面施工中搭设脚手架时应采取的步骤是什么？

种植屋面施工中搭设脚手架的工序如下：

场地清理（平整）→检查材料配件→定位设置垫脚→安放底座立杆→小横杆→大横杆→与建筑物拉结→绑扎纵杆→铺脚手板→围侧脚手板。

设置安全网悬挑脚手架时应先设置挑架，其余与以上顺序相同，脚手拆除同搭设顺序相反，脚手设计具体在实施方案中应进一步明确完善。

204 种植屋面施工中搭设脚手架时需要注意哪些问题？

实地架子底脚放置木板或槽钢垫脚材料进场时均要加以检查，验收不合格材料严禁使用，同时注意不要破坏屋面面层。脚手架随楼层结构施工搭设，且比施工楼层高一个步距，防止外架倾斜，必须在墙面设置拉筋，固定脚手架，及时装好防扶栏板、安全网，施工登高梯（斜道）要与脚手架同步跟上。

205 如何在施工过程中控制屋顶施工的质量？

施工阶段是种植屋面建设的关键环节，其质量把控尤为重要。要从“人的因素、

材料的因素、技术的因素、时机的因素”几方面进行质量把控。

1）人的因素：种植屋面作为技术含量较高的园林工程，需要施工人员有一定的种植屋面知识和安全意识，在施工开始前应当对参与施工的人员进行安全和技术的培训。小环境中精致的细节处理还需要施工人员本身有一定的经验和艺术素养，这样才能充分体现设计。

2）材料的因素：选材也是质量控制的重要环节。首先需要选择符合设计要求和规范规定的材料，对每样材料的重点属性进行检验，如轻质混凝土的密度和硬度、支撑器的承载度、排（蓄）水板的质量、防水卷材的质量；材料外观要通过设计的认可；植物的饱满度和株形要达到景观要求等。

3）技术的因素：在施工前与设计人员进行充分的设计交底和沟通，理解设计意图和技术难点，并且在施工过程中把握技术关键点。

4）时机的因素：根据不同材料的特性，选择施工的时期。由于种植屋面的特殊性，经常有反季节施工的情况出现，这种情况下在施工过程中要增加适当的工序来缓解反季节造成的影响。

206 提高种植屋面施工质量要注意哪些细节?

种植屋面施工是个繁琐复杂的过程，每个环节都不能疏忽，所谓细节决定质量。

1）乔木种植后修剪要轮廓清晰，层次清楚。

2）对于个别树木种植后倾斜，可用顶杠扶正的方法进行处理。

3）乔木支撑规格要统一，绑扎要统一。

4）对部分灌木进行调整，修剪出清晰、立体的层次感。

5）灌木与草坪做好切边工作，切边线要流畅。

207 种植屋面夏季高温施工需要注意哪些问题?

夏季高温干旱会严重影响种植屋面喷播草籽的发芽及苗木的成活，为避免这种情况，应采取如下施工措施：

1）苗木种植的作业时间，原则上以黑夜为主，一是避免高温，二是晚上作业车流量少，三是人为干扰少。

2）必要时屋顶上要采用透光率适中的黑色遮阳网来遮盖刚刚定植的植物，此措施虽然不尽美观，但是却能有效地防止水分蒸发。

3）屋面施工过程中要有专人负责浇水，适当增加浇水频次，防止植物生长缓苗期干旱脱水。

208 种植屋面工程中，施工方应如何与监理方配合？

种植屋面工程中，施工方应主动与监理方配合，施工过程中应注意以下几方面：

1）主动将项目班子主要成员及联系方式介绍监理工程师。

2）应及时向监理工程师提供绿化改造施工组织设计和施工方案，并在取得监理工程师认可批准后方可实施。

3）熟悉设计图纸、设计要求，主动、明确地将工程费用最易突破的部分和环节告知监理工程师，以引起监理工程师的重视。

4）协助监理工程师对工程进行变更、设计修改，事前进行技术经济合理性分析。

5）在工程实施过程中，工程需要隐蔽时应及时通知监理工程师，并取得监理工程师的认可后才能继续进行施工。及时地为监理工程师提供工程进度计划及工作量完成报表。

6）如工程发生索赔，应及时将索赔事项报监理工程师并提供相应的索赔证据。

7）充分尊重监理工程师，无条件接受其指导。

209 种植屋面施工过程中存在哪些风险，需要采取什么措施来应对这些风险？

种植屋面施工过程中存在的风险一般有自然环境、作业环境、社会环境三个方面的风险。自然环境风险指雷、雨、大风等自然气候带来的风险，除了对人员造成危险，对屋面的施工面也可能造成损失；作业环境风险包括建筑荷载安全、女儿墙高度、高空运输高空作业、安全用水安全用电等方面，有可能对人员财物甚至建筑本体造成损失；社会环境风险包含政策的变动，如冬季雾霾预警情况下需要停工、材料厂家因政策因素不能按时生产或运输等造成的工期延迟情况，会导致不能按时完工而造成经济损失。

这些风险需要提前有所准备，进而规避、减轻或转移风险。如加大管理力度，对

施工作业者在安全制度上做培训和严格的规定；如极端天气禁止施工和对不同施工材料进行的安全防护处理，施工时严格遵循荷载和高空作业的安全防护和规则等；管理者应提前熟悉国家和地方的法律法规，提前准备材料等。

210 种植屋面施工过程中产生的废料、垃圾、废水以及污染气体如何处理？

种植屋面属于高空作业，极易产生扬尘，产生的垃圾需要及时使用封闭式容器等方式处理，不能随意堆放或高空丢弃；上下运输需要用到电梯、楼梯的需要将电梯和楼梯做必要的防护措施，并将遗撒的渣土及时清理干净；施工现场对裸露种植基质做覆盖式保护，防止扬尘；对施工现场定期洒水清理；搅拌混凝土产生的废水或特殊材料工艺产生的废水不能直接通过屋面排水排走，需要收集另行处理，防止堵塞或污染。

211 种植屋面水景的饰面应如何施工？

水池的饰面关键在于水池驳岸的施工。驳岸饰面时应做工精致，不可粗糙施工。当用小卵石贴砌水池驳岸时，卵石应经过筛选，大小基本一致。贴砌矿石用白水泥砂浆铺底，然后把卵石洒铺在白水浆层上，再拍压卵石，使其镶嵌在白水泥砂浆中，但要露出卵石的光滑表面，卵石的布置要均匀。

大理石饰面镶嵌水池驳岸时，往往要根据大理石的天然色彩和大小块来安排嵌铺，色彩与大小块的布置要均匀和协调。嵌铺方式又分为无缝铺和留缝铺两种。无缝铺是在大理石碎块之间用白水泥填满缝隙，留缝铺是在大理石碎块之间不完全填满白水泥，使大理石碎块饰面上有凹下的纹路。用这两种方式嵌贴时，其大面一定要平整。

其他瓷砖饰面、大理石整板饰面、花岗岩整板饰面同普通地面施工，在镶贴时可用防水砂浆来铺贴施工。

四 养护管理类

一　基础知识类

二　设计类

三　施工类

四　养护管理类

五　工程质量监理与验收类

六　工程造价类

七　试验检测类

212 种植屋面植物养护管理应注意哪些问题？

首先应建立种植屋面绿化养护管理制度，其次应该设定养护标准。

1）要根据种植屋面植物种类、季节和天气情况实施灌溉，并定期观察、测定屋顶土壤的含水量，根据墒情及时灌溉补水。

2）根据季节和植物生长周期测定土壤肥力，定期检查并及时补充种植土，适当补充环保、长效的有机肥或复合肥。

3）根据屋面不同植物的生长习性适时或定期对植物进行修剪。

4）在植物生长季节及时清理死株，更换或补植老化及生长不良的植株，及时除草，并及时清运下楼。

5）根据屋面植物种类、地域和季节不同，应采取防寒、防晒、防风、防火措施。植物病虫害防治可采用物理或生物防治措施，也可采用环保型农药防治。

213 种植屋面植物的日常防护都有哪些注意事项？

种植屋面植物的日常防护需要注意的有：

1）雨季及大风来临前，对屋面浅根性、树冠较大或枝叶过密的树木要进行加固。

2）对树木有害的寄生植物，应及时清除。树体上的孔洞应及时用具有弹性的环保材料封堵，材料的表面色彩、形状及质感宜与树干相近。

3）易被鱼等水中生物破坏的水生植物，宜在栽植区域设置防护性围网。

4）易受低温侵害的植物应加强养护管理，适时足量浇灌冻水和返青水，合理修剪和施肥，提高抗寒能力。对于抗寒性弱的植株，如华山松、玉兰、七叶树、鸡爪槭、樱花、紫荆、腊梅等，应在秋冬季采取搭风障、支防寒罩和包裹树干等措施进行防寒处理；对月季、棣棠等植株低矮、抗寒性较差的花灌木应于根基部培设土堆防寒；对紫薇、木槿、大叶黄杨等易发生春季梢条的树种，宜于初冬或翌年早春适量喷洒抗蒸腾剂进行保护。

214 种植屋面植物浇水应注意什么？

种植屋面植物浇水的基本要求是充分利用自然降水，做到人工浇灌与自然降水相结合。通过蓄水装置收集雨水或灌溉水，过滤后循环使用。灌水不能超过种植边界，

更不能超过屋面防水层在墙上的高度，充分浇灌后，应及时关闭浇灌设施。

简式种植屋面铺设的基质一般比较薄，因此在水分管理时应根据植物种类和季节不同，适当增加灌溉次数，有条件的屋顶可设置微喷、滴灌等措施进行喷灌，水源压力应大于 2.5kg/cm^2；花园式灌溉参照相关的城市园林绿化养护管理标准，灌溉间隔一般控制在 10 ～ 15d。灌溉方法一般应采用微喷灌和滴灌，可以更好地调节小气候，改良土壤特性，并省工省时，便于管理。

灌溉的时间应注意在清晨及夜晚进行，以更好地保持水分并能有效地防止叶片枯黄。

215 种植屋面灌溉过程中应注意哪些问题？

种植屋面因种植基质层较薄，灌溉渗吸速度快，基质容易干燥。为提高灌溉质量，种植屋面必须具备适用的灌溉设施，常用的有微喷、微灌、滴灌和渗灌等方法。水压应大于 2.5kg/cm^2。另外，有条件的屋顶还可根据建筑现状条件，考虑建立屋顶雨水和空调冷凝水的收集、回灌系统，实现节约用水。

1）为提高灌溉效果，应采用少量频灌的方法进行灌溉，灌溉用水水质应满足树木生长发育需求，符合国家有关标准规定。

2）浇水前应先检查土壤含水量。一般取根系分布最多的土层中的土壤，用手攥可成团，但指缝中不出水，泥团落地能散碎，就可暂不浇水。喜水植物土壤含水量可适当多一些。

3）灌水应与施肥和松土密切配合。施用速效肥后，应该浇透水；松土后浇水，可促进水分渗透，减少地表径流。

4）花卉浇水时应避免冲刷花朵；花卉种植区注意排涝；花池应在适当位置加设排水孔；宿根花卉应注重返青水和冻水的浇灌时期和灌水量。

5）屋顶绿地和树池内积水不得超过 24h，宿根花卉区积水不得超过 12h。

6）夏季高温时节，种植屋面应注意在早晚时间进行浇水。

7）冬季种植屋面上冻水应比地面绿化冻水延后，春季种植屋面解冻水应比地面绿化解冻水提前约 20 ～ 30d。

8）种植屋面蒸发量大，小气候条件好的屋顶，冬季应适当补水。喷灌系统在冬天由于有灌溉需求，应注意防止冻胀，并加以保温。通常通过重力排水和压缩空气两种方式适时排出喷灌设备中的水，以防冻裂。

216 不同类型的种植屋面浇水频率应注意哪些问题？

无论何种类型的种植屋面，浇灌应做到一次性浇透。

1）佛甲草等景天科植物为主进行绿化的种植屋面，春季返青水应间隔 7 ~ 10d 浇灌一次；待全部返青后，应间隔 20 ~ 30d 浇灌一次，浇灌时以达到表面径流为准。

2）多年生地被草本为主进行绿化的种植屋面，春季返青水应间隔 5 ~ 7d 浇灌一次；待全部返青后，应间隔 7 ~ 10d 浇灌一次；秋季可间隔 10 ~ 15d 浇灌一次。

3）冷季型草坪为主进行绿化的种植屋面，春季返青水应间隔 3 ~ 5d 浇灌一次；待全部返青后，应间隔 5 ~ 7d 浇灌一次；夏季炎热需间隔 1 ~ 2d 浇水降温；秋季可间隔 7 ~ 10d 浇灌一次。根据北京市园林科学研究院的相关研究成果表明，冷季型草坪每年需水量约为 2.2t/m^2，总之，冷季型草坪绿化相对费水，不建议种植于种植屋面。

4）花灌草结合进行绿化的种植屋面，因覆土相对较厚，春季返青水应间隔 5 ~ 7d 浇灌一次；待全部返青后，应间隔 7 ~ 10d 浇灌一次；秋季可间隔 15 ~ 20d 浇灌一次。

217 种植屋面冬季适当补水的意义何在？

种植屋面的确在冬季要适当补水，必须保证土壤的含水量能够满足植物存活的需要。这是因为，如果冬季屋面土壤过分干旱，很容易造成土壤基质疏松，植物严重缺水，植株下部幼芽逐渐干瘪最终造成植株死亡。因此，在冬季降水量减少的情况下，可于 11 月底结合北方园林植物浇“冻水”之时为其浇水。同时，在冬季无风、阳光充足的白天，应按照每隔两周左右的时间，为种植屋面的植物适当补水，一次浇水量为常规浇水量的 1/2，浇水过度会造成植物冻害，这样不仅可以有效地起到防风固尘的作用，保持土壤及空气湿度，也可使小芽生长饱满。试验表明，冬季屋顶土壤含水量高的地方，佛甲草的长势优良，绿色期可延长至 12 月中旬，返青时间也可提早 15 ~ 20d，返青度整齐，这就是种植屋面冬季适当补水的意义。

218 种植屋面植物的修剪应注意哪些问题？

屋顶植物修剪时必须根据不同类型的植物和不同的要求，制订切实可行的技术方案，并对从事修剪的工人进行培训，实操后方可进行操作，做到因树修剪。在种植屋

面养护管理中根据植物的生长特性，进行定期整形修剪和除草，并及时清理落叶。对于简式种植屋面植物，春季返青时期需将枯叶适当清除，以加速植被返青。

1）观花植株幼苗期应适时摘心并摘除过早发生的花蕾或过多的侧蕾，促其分枝，增加花朵数量和提高质量。当叶片过于茂密影响开花结果时，应摘去部分老叶和部分生长过密叶。花谢后应及时去除残花、枯萎的花蒂、残枝和枯叶。

2）宿根花卉萌芽前应剪除上年残留枯枝、枯叶，生长期及时剪除多余萌蘖。花卉在生长期要及时剪去干枯的枝叶，在花谢后要及时摘除残花，使花园保持整洁，同时保持植物旺盛生长。

3）草本植物考虑季节特点和草种的生长发育特性，使草的高度一致，边缘整齐。佛甲草等景天类植物在植株出现徒长现象时，要在秋季进行修剪，修剪量一般保持在1/3 ～ 1/2。

4）藤本植物落叶后要疏剪过密枝条，清除枯死枝；吸附类的植物要在生长期剪去未能吸附墙体而下垂的枝条；钩刺类的植物可按灌木修剪方法疏枝。

图 4-1　植物适当修剪保证设备功能

219 种植屋面对于花灌木的修剪应注意哪些问题？

花灌木在屋面种植是以观花、观果为目的，因此，应以冬季修剪为主，冬季修剪时须考虑对花灌木开花、结果的影响，修剪应根据花灌木的不同种类采用不同的修剪方法。

1）修剪时未见花芽的花灌木。这类花灌木如果在冬季进行强修剪，势必会把花芽剪掉，因此只需把影响树冠整齐的枝剪除。

2）仅需轻剪的花灌木。这类花灌木若强修剪会损失花芽，影响次年花期景观，如腊梅、紫荆等。

220 种植屋面植物施肥应注意什么？

种植屋面施肥不宜过量，以避免植物生长过快，导致荷重增加，影响建筑安全。合理的施肥计划应根据植物的营养需求而制订，并根据季节变化的需求而调整，做到按需高效施肥。

1）种植屋面种植基质每年至少检查一次，保证土壤疏松，及时检查肥力。

2）屋顶施肥必须采用卫生、环保、长效的有机肥料或复合肥。

3）根据屋顶树木生长需要和土壤肥力情况，合理施肥。施肥一般分为基肥和追肥。基肥施肥时间要早，追肥要巧。基肥选用迟效性有机肥为宜，如腐殖酸类肥料、堆肥等，在树木休眠期采用沟施、撒施、穴施和孔施等方法，施肥后踏实，并平整场地。追肥一般在春季和秋季，多选用化学肥料，一般按 3 ～ 50g/m^2 的比例每年施 1 ～ 2 次长效复合肥。

4）屋顶新移栽的树木，因受到不同程度的损伤，当年应少施肥。

221 种植屋面需要定期除草吗，怎么除？

种植屋面需要定期除草，以保证杂草生长不会扩张并危及目标植物的生长，而且必要的除草，还可以防患于未然，把那些“不请自来”的，根系发达的，有可能殃及屋面防水层安全的野草提早拔除。种植屋面要掌握除草的时机和方法：

1）在屋顶植物生长季节要不间断地进行除草，除小、除早、除了。拔除的杂草还要及时清运出屋顶。

2）对于屋顶花卉栽植区而言，要及时中耕除草，作业时不能伤根和致根系裸露。宿根花卉在萌芽期要及时清理死株，并按原品种、规格补齐。一、二年生花卉开花后失去观赏价值的应及时更换。

222 如何有效减少种植屋面中出现的杂草野树？

通过风媒、虫媒、鸟媒等媒介传播的杂草或非种植屋面设计的植物，往往多为地带性植物，也就是常说的乡土植物。它们具备很强的生长适应性和地域扩张性，耐旱、耐热、耐瘠薄，往往会跟原有屋顶种植的植物争夺生长空间，有些根系发达的植物还会对屋面的防水结构造成破坏，是种植屋面的隐患。因此，有效减少种植屋面中出现的杂草野树，就需要通过及时清除杂草和拔除野树来实现，做到防患于未然。定期进行屋面巡视和修剪维护非常重要，这样才能保持种植屋面目标植物的正常生长和茁壮成长。

图 4-2　控制杂草保证景观效果

223 考虑植物会慢慢长大，栽种时如何保证前期和后期的效果？

为保证栽植效果，前期应做好苗木的选择，选择无病虫害、无明显伤痕、根系良好、植株生长健壮的苗木，为了保证快速形成绿化景观，种植屋面中栽植的乔、灌木的苗木应该带冠移植，起苗运输时应该带土球，以保证树木成活和移植后能快速成型、成景。

后期的效果依靠良好的养护管理，后期的施肥、浇水以及定期修剪都要根据植物的特性和生长状况及时跟进，并通过控水控肥和定期修剪来控制植物的过快生长。

224 种植屋面植物病虫害防治应注意什么？

为预防种植屋面中病虫害发生，应保证排水通畅，水、肥等养护管理工作要科学合理，使植株生长健壮，增强自身抗病虫的能力，同时注意减少侵染来源。病虫害发生时，应采用对环境无污染或污染较小的防治措施，如采取人工及物理防治、生物防治以及采用环保型农药防治等措施。

1）应按照“预防为主，科学防控，依法治理，促进健康”的原则，做到安全、经济、及时、有效。

2）由于与建筑环境的距离较近，因此，考虑到建筑环境和周围人员的安全性，应注意尽可能地采用生物防治手段，保护和利用天敌，创造有利于其生存发展的环境条件。

3）应及时有效地采取物理防治手段，包括灯光诱杀、截止上树、人工捕捉、摘除病叶病梢、结合修剪剪除病虫枝等防治植株病虫害。

① 灯光诱光，如黑光灯诱杀柳毒蛾成虫；

② 潜所诱杀，如树干绑报纸诱杀柳毒蛾成虫；

③ 截止上树，如在树干上围钉塑料薄膜环，截止草鞋蚧上树；

④ 饵木诱杀，如设置新鲜柏树枝干，诱杀柏树双条杉天牛。

4）采用化学防治时，应选择符合环保要求及对有益生物影响小的农药。对同一防治对象，注意不同药剂的交替使用；同时，尽量采取兼治手段，减少喷药次数。

5）应按照《农药操作规程》及《园林树木病虫害防治技术操作质量标准》进行作业，喷洒药剂时避开人流活动高峰期。

6）对人毒性较大、污染严重、对天敌影响较大的化学农药被北京农药管理部门明令禁止使用，品种包括六六六、滴滴涕、西力生、赛力散、毒杀芬、甲六粉、乙六粉、绿乙酰胺、氯乙酸钠、培福明、杀虫脒、二溴氯丙烷、蝇毒磷乳粉、除草醚、三氯杀螨醇、氧化乐果、久效磷、对硫磷等。

225 冬季种植屋面怎样搭设御寒风障？

对于屋顶新植苗木或不耐寒的植物材料，应适当采取防寒措施。如五针松、大叶黄杨、小叶黄杨等不耐风的新植苗木还应采取包裹树冠、搭设风障等措施确保其安全越冬。在背风、向阳、小气候环境好的地点可不必搭设或灵活掌握。所使用的包裹材

料要具备良好的透气性和耐火性。

226 种植屋面的防风措施有哪些?

为了确保种植屋面植物材料、基础层材料以及绿化设施材料的牢固性，屋顶长势较高的乔木和灌木应预先采取支撑、牵引等方式对其进行防风固定处理，在固定植物时，支撑、牵引方向应与植物生长地的常遇风向保持一致。牵引、支撑时应根据植物体量及自身重量选择适当的固定材料。此外，在冬季来临时还要提前应用无纺布材料在屋顶的迎风面或主风向搭建好风障，保护树木；对于枝条生长较密的植物，冬季还应进行适当修剪，使其通风透光，提高抗风能力；对于盆栽植物和容器种植的植物，要首先避免将其摆放在没有护栏或护栏较低的建筑女儿墙边沿，以防止高空坠落；对于铺设佛甲草的简式种植屋面，越冬前如佛甲草未成坪或长势较稀疏，应及时补苗，防止冬季大风吹散种植基质，也可以采取整体铺设无纺布材料进行表面覆盖，即可抗风，也可保暖，亦可固土。

227 种植屋面的防寒措施有哪些?

对新栽植的苗木或不耐寒的植物，应采取必要的防寒措施。例如根茎埋土、包裹树干、搭防寒棚等方法，确保屋顶植物安全越冬。冬季防风抗寒，也可以对单株乔木或灌木进行整体的树体包裹，也可以对单株乔木或灌木进行主干和主枝包裹，使用材料应具备耐火、坚固、美观的特点。

图 4–3 覆盖及包裹防寒措施

此外，还应该加强屋顶的日常巡视，检修各种种植屋面设施，灌溉系统要及时回水，防止水管冻裂。遇暴雨、大雪等恶劣天气，应组织维修人员及时上屋顶排除壅水和降雪，减轻屋顶荷载压力，确保建筑安全及人员安全。

228 佛甲草种植屋面在冬季常有鸟类毁苗现象，如何避免？

屋顶佛甲草绿化易出现冬季鸟类毁苗的现象，其中危害最为严重的鸟类有喜鹊、乌鸦和家鸽等，常常将屋顶的佛甲草苗连根刨起。为了避免此类现象的发生，冬季可适当采用绿色无纺布覆盖方式，预防鸟类对种植屋面的损害。冬季时，为保证来年返青质量以及防止“黄土露天”“二次扬尘”等情况的发生，应使用绿色无纺布对新铺草坪地被进行覆盖。覆盖后的草坪，可有效保护土壤，防止老苗及基础材料被风吹走，有利于来年种植屋面草坪地被的提前返青。

229 应采取哪些管理措施来避免佛甲草夏季发黄，并保证其安全越冬？

1）佛甲草夏季普遍怕热怕涝，怕高温高湿，喜冷凉。雨季如果原土壤排水不良，更是会造成其长势弱。

2）佛甲草和垂盆草外观很相似，经常被混淆使用。垂盆草（又叫卧茎佛甲草）的茎节为淡淡粉色，植株具有匍匐性，冬季露地越冬能力差，需要做无纺布覆盖保护，否则翌年返青差。

3）正宗佛甲草冬季不必做防寒处理，可露地安全越冬。不过由于种植佛甲草的土壤厚度多为 100mm 左右，所以冬季需要适量补水，否则翌年 4 月中旬方可返青。

4）目前不提倡种植佛甲草单一屋顶草坪，因为佛甲草草种有退化现象，简式种植屋面目前要求至少要三种植物混种，常见的分区域混种组合有佛甲草 + 三七景天 + 八宝景天，种植比例各占 1/3 左右，优势互补。

5）佛甲草春季和秋季长势普遍会好一些，气候冷凉，土壤养分充足、疏松透气、排水设施齐备（排水板设置的合理性，排水坡度等），灌溉频率每周一次。另外有虫害侵蚀，会造成佛甲草长势衰弱。

6）佛甲草有病虫害发生，虫害大于病害。小地老虎、蛴螬、蜗牛等都是佛甲草的主要危害，以蜗牛为例，它主要是吃叶吃茎，且繁殖迅速。但相对而言，如果在大水大肥的条件下，佛甲草会疯长，植株高度可达 45 ～ 50cm，此时，如果通风不好的话，还会有蚜虫危害。

图 4-4 注意控水与控肥

230 佛甲草用于轻型种植屋面种植需要引起重视的问题是什么？

目前轻型种植屋面多以种植佛甲草为主。虽然佛甲草具有抗旱节水、隔热降温、种植基质薄、根系无穿透力、对肥料的需求也不高、绿色期较长、管理粗放、繁殖方法简单、成活率高等诸多优点，但随着佛甲草种植屋面种植面积增大后，由于单一栽种、各地气候条件的差异、种植基质的不同以及养护管理水平的高低等原因，佛甲草还是存在一些问题。特别是长时间干旱条件下，佛甲草虽然不会死亡，却会出现叶片萎蔫、发白等现象，严重影响种植屋面的景观效果；而施肥不当、土壤过于瘠薄等也容易导致佛甲草长势衰弱、病虫害大量发生。同时，佛甲草作为种植屋面材料，也存在着品种单一、颜色单调、不耐践踏等问题。目前在种植屋面后期养护管理方面，还缺乏针对佛甲草种植屋面的科学系统的研究和规范，在佛甲草培育、施肥、灌溉及病虫害等方面，也存在着管理上的随意性和欠科学性，因此常常导致很多实际工程案例中表现出来的佛甲草徒长、虫害、药害等问题出现，需要引起足够的关注。

231 种植屋面中的基质需要定期更换吗？

种植屋面的基质不宜更换，这样施工成本会很高。对于有机基质而言，土壤内有

机质易分解，土层会变薄并板结，这就需要在养护管理阶段根据土壤板结情况，适当松土，并根据土壤缺失状况适当补充土壤，以满足种植屋面植物生长需求，不宜大换土。对于无机基质而言，土壤轻量化不容易板结，土层不会变薄，且肥力可定量控制，所以更不需要定期更换土壤。因此，今后种植屋面会大力提倡用无机基质来替代有机基质。

232 通过种植屋面养护管理来看，种植屋面覆土是不是越厚越好？

关于种植屋面的覆土，实际工程当中，最低不能小于 100mm，最大 1200mm 足够。通过北京某种植屋面项目的实际考察来看，种植屋面种植高度 3m 的北美海棠，覆土 250mm，植株长势良好；种植屋面种植高度 6m 的银杏树，覆土居然才 800mm，植株依然长势良好。这就表明，种植屋面覆土不一定越厚越好。这是为什么呢？

首先，做种植屋面与地面绿化完全是不同的概念，种植屋面提供给植物的是生存空间，不是生育空间。我们不能让植物在屋顶上长得太大、太快、太“疯”。植物长得太大会对建筑荷载产生压力和影响，所以种植屋面给植物所提供的是一个“健康瘦身式”的环境，每日只吃八分饱就好，所以种植土不能太厚，最小土深只要 100mm，最大土深只要 1200mm 即可。

事实证明，种植屋面土层较薄，除减轻屋面荷载，增加灌溉频次外，可诱导植物根系横向发展，屋面植物生长过程中不断形成根系盘桓，对于屋面植物抗风揭具有重大意义。

233 植物品种和种植设计的不合理会给养护管理带来什么负面影响？

种植屋面养护管理难度大、费用较高。由于植物品种和种植设计的不合理，导致目前一些种植屋面面临着严重的“养护危机”，成为令使用方头疼的“头顶负担”。以北京某高档社区为例，该社区的种植屋面全部建在波浪形起伏的屋顶上，虽然刚刚建成后视觉效果非常壮观，但由于植物材料全部选择的是冷季型草，作业面倾斜角度过大，相关排（蓄）水设施不配套，尽管物业管理部门每天都投入巨大的人力物力，

支出大量水费、设备费、农药费、养护费用进行管理，景观效果仍旧持续恶化。因此，种植屋面要特别重视设计，如果设计不科学，再好的种植屋面，也会因为植物品种和种植设计的不合理，造成后期养护管理困难，而最终成为令人失望的败笔，从而导致社会公众对种植屋面的质疑。

234 种植屋面设施维护管理应注意哪些问题，应该怎么做？

种植屋面首先要对于不宜攀爬的设施和照明等电力装置设置醒目的标识和防护设备，杜绝屋顶上任何结构、装饰和设备的安全隐患。此外，屋顶木结构园林设施确保至少每年刷漆保养一次，保证结构安全性；屋顶的安全缆绳及安全护栏要每月巡查维护一次，确保没有松动、脱落。种植屋面的管道浇灌系统要做到至少每个月巡查维护一次，以确保灌溉喷头的功能完整和使用安全性；屋顶如果有垂直绿化的话，垂直绿化的滴管系统智能设备也至少要每周检查一次，确保使用安全性，滴管喷头至少每半月巡查一次。屋顶排水口以及排水检查井至少每半月巡查维护一次，确保无杂物脏污堵塞，雨水较多季节可适当增加检查次数，确保排水通畅不积水。冬季要做到所有屋顶管道的防冻措施都必须完善，防止出现冻裂情况。具体要求是：

1）定期检查排水沟、水落口和检查井等排水设施，及时疏通排水管道；

2）园林小品应保持外观整洁，构件和各项设施完好无损；

3）应保持园路、铺装、路缘石和护栏等安全稳固、平整完好；

4）应定期检查、清理水景设施的水循环系统，保持水质清洁，池壁安全稳固，无缺损；

5）应保持外露的给排水设施清洁、完整，冬季应采取防冻裂措施；

6）应定期检查电气照明系统，保持照明设施正常工作，无带电裸露；

7）应保持导引牌、标识牌外观整洁、构件完整，应急避险标识应清晰醒目；

8）设施损坏后应及时修复。

235 为什么要对种植屋面的水落口进行维护，应注意哪些问题？

种植屋面最为担心的问题有两方面，一方面是屋顶防水漏了；另一方面是屋顶排

水不畅，水排不下去。其实，这两方面问题的指向最终都是屋顶渗漏的发生。因此，屋顶防水和排水同等重要，也是巩固种植屋面成果的重要环节。种植屋面排水的主要设施是屋面排（蓄）水板和屋面水落口（还可能有排水沟）。所以，对种植屋面水落口维护就是抓住了问题的关键：

1）处于屋顶铺装中的水落口，可以通过雨箅子进行日常维护，及时清除杂物防止排水不畅；

2）屋顶绿地内的水落口，可以通过雨水观察井定期检查维护，及时清理杂物、叶片等防止堵塞。

图 4-5　注意排水设施的巡查

236 建筑屋面设备、构筑物的保护及美化应该怎么做？

为了保护建筑屋面设备，可在其周边设置缓冲带，防止植物蔓延破坏结构。对于屋面需要遮挡的设备可以增加立面格栅加以围合，并增加立面装饰或进行垂直绿化美

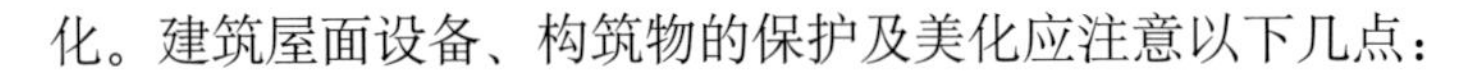

化。建筑屋面设备、构筑物的保护及美化应注意以下几点：

1）屋面通气管不得埋在种植基质当中；

2）屋面大型设备应依据维修需要留出足够的安全检修空间；

3）屋面空调外机或油烟机应实施有效的隔断，防止对植物造成损害；

4）屋面太阳能设备不能被植物遮挡，不得影响太阳能的吸收和转换。

图 4-6　预留安全检修空间

237 屋顶配电系统维护应注意哪些问题？太阳能灯怎样养护？

种植屋面应该定期检查屋顶电气照明系统，保持屋顶照明设施正常工作，不能出现带电或裸露现象。种植屋面太阳能灯大多为低矮的草坪灯。因夏季高温多雨，要注意蓄电池的保养，要保证蓄电池通风，太阳能板的表面除尘也是必不可少的；另外要保证蓄电池不能进雨水，故此，每逢高温或者大雨过后，要及时检查灯具是否正常工作。发现问题要及时处理，及时修复。

238 屋面上受阳光直射强度大，对于园林小品的老化、腐化有没有具体措施？

屋面紫外线辐射强，一般屋面绿化材料由于紫外线照射强度的关系，且风吹雨淋，

比地面绿化损耗大，易导致屋顶材料老化，特别是塑料制品。故此，种植屋面选用的园林小品应以轻型耐老化的玻璃钢、工程塑料、防腐木或木塑制品为材料的制品，并注意定期检查修复。

239 种植屋面有水体时，水循环维护应注意些什么？

定期检查清理水循环系统，采取过滤和杀菌措施，及时清理树叶等杂物，避免水体富氧化，确保水景水体水质清洁，北方冬季需要泄水。

图 4-7 定期检查清理水循环系统

240 如何才能避免屋顶排水管道的堵塞？怎样在养护过程中迅速找到屋面的水落口？

在设计施工环节，种植基质层下面会提前铺设好过滤层和排水层，保证屋顶排水通畅，防止种植基质流失或散落到屋面排水系统中；在后期养护环节，养护人员会定期上屋顶检查屋面雨水沟、水落口等容易积水的位置，及时清理杂物，排除隐患。

为了在养护过程中能迅速找到屋面的水落口，一般在屋顶女儿墙上用鲜艳的颜色来标示箭头类的指示标记，或在水落口上方设置雨水观察井等明显设施便于迅速有效识别。

图 4-8 标记屋顶雨落口

五 工程质量监理与验收类

一　基础知识类
二　设计类
三　施工类
四　养护管理类
五　工程质量监理与验收类
六　工程造价类
七　试验检测类

241 种植屋面施工准备阶段的监理应包括哪些内容？

种植屋面施工准备阶段的监理应包含以下内容：

1）既有建筑做种植屋面改造，监理单位应查验其原有建筑的结构安全鉴定报告；

2）审核种植屋面施工组织计划（施工方案）中包括：

① 审核种植屋面实施方案的可行性和合理性，包括种植屋面隐蔽工程（耐根穿刺防水层、排水层及过滤层）、细部构造节点等重点部位，以及关键工序专项施工方案等；

② 审查各项施工安排能否满足植物生长需要；

③ 审查施工方案、各项措施等是否能确保屋顶结构和防水安全。

242 种植屋面施工过程质量监控应包括哪些内容？

种植屋面施工过程的质量监控应包括以下内容：

1）以现行行业标准 CJJ/T 82—2012《园林绿化工程施工及验收规范》为依据，进行质量控制；

2）对防水材料、排（蓄）水材料等按要求进行复试；

3）在防水层、排（蓄）水层及过滤层、种植基质层等重点施工环节和关键工序进行旁站，并做好旁站记录。

243 项目监理机构种植屋面工程质量相关资格及材料控制包括哪些内容？

项目监理机构种植屋面工程质量相关资格及材料控制应包括以下内容：

1）工程开工前，项目监理机构应审查施工单位现场的质量管理组织机构、管理制度及专职管理人员和特种作业人员的资格；

2）总监理工程师应组织专业监理工程师审查施工单位报审的施工方案，符合要求后应予以签认；

3）种植屋面施工方案审查应包括下列基本内容：

① 编审程序应符合相关规定；

② 工程质量保证措施应符合有关标准。

4）专业监理工程师应审查种植屋面施工单位报送的新材料、新工艺、新技术、新设备的质量认证材料和相关验收标准的适用性，必要时应要求施工单位组织专题论证，审查合格后报总监理工程师签认。

244 项目监理机构种植屋面工程质量施工方报送的相关材料应注意哪些问题？

项目监理机构种植屋面工程质量施工方报送的相关材料应注意以下方面：

1）种植屋面专业监理工程师应检查、复核施工单位报送的种植屋面施工控制测量成果及保护措施，并签署意见。专业监理工程师应对施工单位在施工过程中报送的施工测量放线成果进行查验。

2）项目监理机构应审查施工单位报送的用于种植屋面工程的材料、构配件、设备的质量证明文件，并应按有关规定、建设工程监理合同约定，对用于工程的材料进行见证取样、平行检验。

3）项目监理机构对已进场经检验不合格的种植屋面工程材料、构配件、设备，应要求施工单位限期将其撤出施工现场。

4）项目监理机构应根据工程特点和施工单位报送的施工组织设计，确定旁站的关键部位、关键工序，安排监理人员进行旁站，并应及时记录旁站情况。

5）项目监理机构应根据工程特点、专业要求，以及建设工程监理合同约定，对施工质量进行平行检验。

245 监理人员对种植屋面工程施工质量进行巡视时应包括哪些主要内容？

项目监理机构应安排监理人员对种植屋面工程施工质量进行巡视。巡视应包括下列主要内容：

1）施工单位是否按工程设计文件、工程建设标准和批准的施工组织设计、（专项）施工方案施工；

2）使用的种植屋面工程材料、构配件和设备是否合格；

3）施工现场管理人员，特别是施工质量管理人员是否到位；

4）特种作业人员是否持证上岗。

246 监理机构在种植屋面隐蔽工程及施工中发现问题时应怎样处理？

监理机构在种植屋面隐蔽工程及施工中发现问题时应做如下处理：

1）项目监理机构应对施工单位报验的隐蔽工程、检验批、分项工程和分部工程进行验收，对验收合格的应给予签认；对验收不合格的应拒绝签认，同时应要求施工单位在指定的时间内整改并重新报验。

2）项目监理机构发现施工存在质量问题的，或施工单位采用不适当的施工工艺，或施工不当造成工程质量不合格的，应及时签发监理通知单，要求施工单位整改。

3）整改完毕后，项目监理机构应根据施工单位报送的监理通知回复单对整改情况进行复查，提出复查意见。

247 监理机构在种植屋面竣工验收时主要内容有哪些？

监理机构在种植屋面竣工验收时主要内容有：

1）项目监理机构应审查施工单位提交的单位工程竣工验收报审表及竣工资料，组织工程竣工预验收。存在问题的工程应要求施工单位及时整改；合格的工程总监理工程师应签认单位工程竣工验收报审表。

2）工程竣工预验收合格后，项目监理机构应编写工程质量评估报告，并应经总监理工程师和工程监理单位技术负责人审核签字后报建设单位。

3）项目监理机构应参加由建设单位组织的竣工验收，对验收中提出的整改问题，应督促施工单位及时整改。工程质量若符合要求，总监理工程师应在工程竣工验收报告中签署意见。

248 种植屋面工程施工验收前，施工单位应提交哪些主要文件？

种植屋面工程施工验收前，施工单位应提交并归档下列文件：

1）工程竣工图纸、设计变更通知单、洽商记录、工程施工合同等；

2）施工组织设计或施工方案、技术交底、安全技术交底文件等；

3）既有建筑屋面的结构安全鉴定报告；

4）主要材料的出厂合格证、质量检验报告和现场抽样复验报告；

5）各分项工程的施工质量和隐秘工程验收记录；

6）防水层闭水检验或淋水检验记录；

7）排水管道通球试验和闭水试验记录；

8）电气照明系统的检验记录。

249 种植施工竣工前，施工单位应提交哪些文件？

种植屋面工程种植施工竣工验收前，施工单位应提交并归档下列文件：

1）工程项目开工报告、竣工报告，相关指标及完成工作量；

2）竣工图和工程决算；

3）设计变更、技术变更文件；

4）土壤和水质化验报告；

5）外地购进植物检验、检疫报告；

6）附属设施用材合格证、质量检验报告。

250 分项工程质量验收检测方法及要点有哪些？

分项工程质量验收检测方法及要点见表 5-1。

表 5-1　分项工程质量验收检测方法及要点

序号	分项工程名称	检测方法	检测数量
1	种植基质	进场检测报告、尺量	每 100m² 抽查一处
2	种植基质回填及微地形处理	经纬仪、水准仪、尺量	1000m² 检查 3 处，不足 1000m² 检查不少于 1 处
3	植物材料	观察、量测	每 100 株检查 10 株，少于 100 株则全数检查。草坪、地被、花卉按面积抽查 10%，至少 5 处，每处不小于 5m²，30m² 以下全数检查
4	排（蓄）水板和过滤布	观察、尺量	每 50m 检查一处，不足 50m 全数检查
5	树木栽植	观察、尺量	100 株检查 10 株，少于 20 株的全数检查；成活率全数检查
6	防水层	观察、尺量	100m² 检查 3 处，不足 100m² 检查不少于 2 处

续表

序号	分项工程名称	检测方法	检测数量
7	耐根穿刺防水层	检测报告、尺量、观察	每 $100m^2$ 抽查一处，每处应为 $10m^2$，且不得少于 3 处，不足 $100m^2$ 全数检查
8	栽植工程	观察、尺量	$10m^2$ 检查 3 处，不足 $100m^2$ 检查不少于 2 处
9	垂直绿化	观察、尺量	全数检查
10	灌溉	测试及观察	全数检查
11	支撑固定	晃动支撑物	每 10 株检查 5 株，不足 50 株的全数检查
12	缓冲带设置	观察、尺量	每 100m 检查 2 处，每处不少于 20m，且不大于两个水落口的间距，不足 100m 的根据雨水排水口设置情况全数检查
13	铺设草块和草卷	观察、尺量 查看施工记录	$100m^2$ 检查 3 处，不足 $100m^2$ 全数检查
14	园路铺装	观察、尺量和楔形塞检查	按照面积检验抽查 10%，且不少于 3 处
15	园林小品	手动观察	全数检查
16	护栏	观察、手动、尺量	100m 检查 3 处，不足 100m 检查不少于 2 处

251 种植屋面隐蔽工程的施工质量验收应符合哪些规定？

种植屋面隐蔽工程的施工质量验收应符合下列规定：

1）耐根穿刺防水层

① 耐根穿刺防水材料及其配套材料的质量应符合设计要求；

② 施工方式应与耐根穿刺检验报告一致。耐根穿刺防水材料施工质量验收应参照现行国家标准 GB 50207—2012《屋面工程质量验收规范》中的相关规定执行。

2）排（蓄）水层和过滤层

① 材料的厚度、质量和搭接宽度应符合设计要求；

② 排水管道应畅通，水落口、雨水观察井不得堵塞；排水沟缓冲带的设置和宽度应符合设计要求，宽度不应小于 300mm。

3）种植基质层

① 材料质量应符合设计要求；

② 种植基质的质量、水饱和容重、pH 值和基质厚度等应参照现行行业标准 JGJ 155—2013《种植屋面工程技术规范》中的相关要求。

4）灌溉系统

① 材料质量应符合设计要求；

② 给水系统应进行水压实验，实验压力为工作压力的 1.5 倍，且不应小于 0.6MPa；压力降不应大于 0.05MPa/min；点喷范围不得超过绿地边缘。

5）电气照明系统

① 材料质量应符合行业相关标准要求；

② 电气照明系统连接应紧密、牢固。

③ 电气接头连接处应做绝缘处理，漏电保护器应反应灵敏、可靠。

252 种植屋面非隐蔽工程的施工质量验收应符合哪些规定?

种植屋面非隐蔽工程的施工质量验收应符合下列规定：

1）植被层

① 场地应整洁、无杂物，乔灌木符合设计要求；

② 高度超过 2.0m 的乔木、灌木应做固定处理，且牢固；

③ 苗木成活率应达到 95% 以上；

④ 地被植物种植区域应均匀满覆盖，无病虫害。

2）园林小品

① 应符合设计及相关规范要求；

② 安装牢固且安全性能良好。

3）水落口

① 排水通畅，无阻塞，无杂物堆积；

② 不得隐藏或覆盖。

4）缓冲带

① 宽度及填充材料符合设计要求；

② 填充材料粒径均匀，过水性能良好。

5）护栏

① 材料、高度、形式和色彩应符合设计要求；

② 护栏安装应紧实牢固，整体垂直平顺，无毛刺，无锐角。

六 工程造价类

一　基础知识类
二　设计类
三　施工类
四　养护管理类
五　工程质量监理与验收类
六　工程造价类
七　试验检测类

253 种植屋面设计取费标准有什么依据？

目前种植屋面设计取费标准暂无特殊规定，往往按照地面园林景观设计收费，定价偏低且依据不足，建议屋顶园林景观设计应适当出台相关收费依据或者定额，也可依据不同地区不同项目难易程度适当调整。

254 老旧小区种植屋面工程费用由谁承担，有何鼓励政策？

既有建筑种植屋面改造大多是工程建设方投资。近几年，政府为改善环境空气质量，鼓励种植屋面建设，对种植屋面实施项目给予资金补贴。不同省市政策有所不同。

255 北京市屋顶绿化鼓励政策有哪些？

1）《北京市屋顶绿化建设和养护质量要求及投资测算》

2012 年北京市出台了该投资测算，并适用于本市范围内的种植屋面建设工程，主要针对政府投资的公共机构建筑种植屋面建设工程，非公共机构建筑种植屋面建设工程可参照执行。简式种植屋面工程费用为 310 元 /m^2，养护费用为 17.5 元 / （年·m^2）（养护水源为绿化用水）；花园式种植屋面工程费用为 550 元 /m^2，养护费用为 24 元 / （年·m^2）（养护水源为绿化用水）。

2）可实施屋顶绿化的建筑（含构筑物）高度

公共机构所属建筑，在符合建筑规范、满足建筑安全要求的前提下，建筑层数少于 12 层、高度低于 40m 的非坡屋顶新建或改建建筑（含裙房）和竣工时间不超过 20 年、屋顶坡度小于 15° 的既有建筑，应当实施种植屋面。

3）强制性措施

新建、改建项目附属绿化用地面积未达到规划要求，但项目用地范围内无地下设施的绿地面积已达到规划标准 50% 以上，建筑屋顶面积 50% 以上必须设计、建设花园式种植屋面。其种植屋面面积的 20% 可计入该项目附属绿化用地面积。

4）鼓励性措施

① 种植屋面面积计入区县绿化面积。

② 新建、改建项目附属绿化用地面积在未计入种植屋面面积前已到达规划要求的，

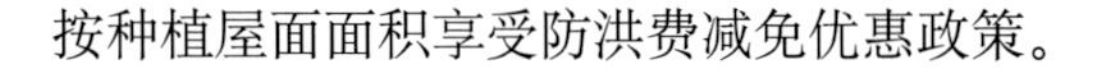
按种植屋面面积享受防洪费减免优惠政策。

③ 社会性投资建设项目附属绿化用地面积，在未计入种植屋面面积前已达到规划要求的，由项目所在地区县政府采取以奖代补的方式对种植屋面建设、养护予以支持。

④ 认建种植屋面面积 1m^2，可折算 3 株义务植树任务。

⑤ 对城市空间立体绿化建设工作中表现突出的单位和个人给予表彰和奖励，并将城市空间立体绿化建设工作完成情况作为评选市级花园式单位和绿化美化先进单位、先进个人的重要依据。

256 上海市屋顶绿化鼓励政策有哪些？

根据上海市“十二五”规划，全市新建公共建筑（适宜）种植屋面率将达到 95%，要求可利用的屋顶至少 50% 以上面积应绿化。花园式种植屋面补贴 200 元 /m^2，组合式种植屋面补贴 100 元 /m^2，草坪式种植屋面补贴 50 元 /m^2。一般墙面绿化补贴 30 元 /m^2，特殊墙面绿化补贴 200 元 /m^2。

257 重庆市屋顶绿化鼓励政策有哪些？

重庆市种植屋面相关规定分为：

1）架空层绿化：种植土层深度≥ 1.5m，按实际种植面积的 100%计算绿化面积；1.0m ≤种植土层深度≤ 1.5m，按实际种植面积的 60%计算绿化面积；0.4m ≤种植土层深度≤ 1.0m，按实际种植面积的 20%计算绿化面积。

2）屋面绿化：绿化种植土层深度≥ 0.3m、宽度≥ 4m、面积≥ 80m^2，可按其实际种植面积的 20% 充抵计算绿化面积。凡种植屋面的单位或个人，在完成了基本配套绿化面积后所进行的屋面绿化，按 80 元 /m^2 给予经济补偿。

258 成都市屋顶绿化鼓励政策有哪些？

成都市种植屋面相关规定为：覆土 1.5m 按 100% 计入绿地率；覆土 0.9 ～ 1.2m 按 60% 计入绿地率；覆土低于 0.8m 按 30% 计入绿地率；种植屋面投入大、效果好可奖励 5% 的绿地指标。

259 武汉市屋顶绿化鼓励政策有哪些？

《武汉市建设工程项目配套绿化用地审核办法》规定，屋顶和地上架空层的人工绿地覆土厚度≥ 0.6m，按其面积的 25% 计算为绿地面积。

260 种植屋面施工应选择什么资质的施工单位？有没有专门的种植屋面施工设计资质？

目前尚没有权威的部门颁发的种植屋面施工资质。种植屋面应该为建筑的外装饰延伸，应与建筑风格和谐一致，应按建筑装饰要求，使其做工精细。故此应该选择经过建筑和绿化相关技术、安全系统培训过的专业种植屋面工程企业实施工程施工。

261 种植屋面经济效益应如何计算？

种植屋面的经济效益主要是通过生态和社会效益测算的，包括建筑节能、截留淡水、滞尘、吸收二氧化碳释放氧气等方面进行相应的经济核算，主要分为以下内容：

1）建筑的保温隔热

参考北京种植屋面生态效益测定数据，若室内高度按 3m 测算，夏季绿化屋顶的室内比未绿化屋面平均低 2℃，炎热季按 3 个月推算，如利用空调降温总耗电量约为 4.7 度 /m^2，假定按照商业电费 0.96 元 / 度进行核算，则能耗约为 4.5 元 /m^2；反之，在寒冷冬季，室内比未绿化屋面平均高 1℃，也按 3 个月推算，利用空调升温，总耗电量约为 4.7 度 /m^2，能耗约为 4.5 元 /m^2。那么，冷暖季总能耗约为 9 元 /m^2。若种植屋面面积 2000m^2，可节约能耗约 1.8 万元 / 年。

2）截留雨水，缓解城市雨洪压力

按北京地区年降水量 600mm 测算，通过屋顶径流的雨水量为 0.6t/（年·m^2）。大于 100mm 土深的简式种植屋面可截流约 20% 雨水，大于 300mm 土深的花园式种植屋面可截流约 60% 雨水。如依据目前水价 6 元 /t 计算，污水处理费用按 1.5 元 /t 推算，简式种植屋面所截留淡水约为 0.12t/（年·m^2），可节约水费用 0.9 元 / 年；花园式种植屋面所截留淡水约为 0.36t/（年·m^2），可节约水费用 2.7 元 / 年。如果简式种植屋面和花园式种植屋面各占 1000m^2 计算，每年可节约水费 3600 元。

3）生态效益经济评价

依据花园式与简式种植屋面释放 O_2、吸收 CO_2、滞尘等生态经济评价，花园式种植屋面总收益约为 51.8 元 /（年·m^2），简式种植屋面约为 10.1 元 /（年·m^2）。如果简式种植屋面和花园式种植屋面各占 1000m^2 计算，每年可获生态收益约合 61900 元。

262 在进行施工预算时，种植屋面与普通绿化有哪些区别?

种植屋面施工预算应区别于普通绿化，原因在于屋顶构造层次复杂，施工工艺特殊，包含防水、排水、过滤层等处理，基质成本，苗木质量要求较地面高，且涉及工程面积相对小；需要垂直运输和成品保护；苗木量少且成活率低；施工效率低等方面，其相关费用都高于普通绿化。

263 不同类型的种植屋面每平方米造价通常是多少?

排除建筑保温、找坡找平、防水、保护等层次外，依据耐根穿刺防水、排水、种植基质、灌溉、苗木、小品等不同配置需要，简式种植屋面一般每平方米造价约为 300 ～ 500 元；花园式种植屋面一般每平方米造价约为 500 ～ 1500 元（以北京为例，特殊项目除外）。

264 种植屋面比地面绿化造价高在哪些方面?

屋顶相对施工难度大，对材料要求要求高，因此比地面绿化造价偏高，主要包含以下几方面：

1）耐根穿刺防水费用；

2）排（蓄）水层、过滤层材料费用；

3）垂直运输费用；

4）轻型种植基质费用；

5）新优轻型建材等费用；

6）苗木质量；

7）成品保护费用；

8）不可预见费用；

9）养护费用。

265 如何有效地控制种植屋面的造价？

有效地控制种植屋面的造价可通过以下几方面：

1）集中连片，扩大规模；

2）尽可能避开反季节施工；

3）严格控制工序与材料质量，避免无效返工；

4）注意成品保护，免除不必要的维修；

5）合理协调工期；

6）避免交叉施工；

7）尽可能有效利用屋面现场施工条件，例如垂直运输工程电梯等。

266 种植屋面后期养护的费用包括哪些内容？

种植屋面后期养护的费用主要包括：水费、肥料、农药、防寒材料以及除草、修剪、卫生清理等相关人工费。以北京为例，简式种植屋面工程养护费用为 17.5 元 /（年·m^2），花园式种植屋面养护费用为 24 元 /（年·m^2）（养护水源为绿化用水）。

267 种植屋面工程收取垂直运输费的依据是什么？

种植屋面工程垂直运输费收取的依据是：

1）吊车的台班费用；

2）人工搬运费用；

3）垂直调运器械和成品保护费用。

268 种植屋面的高造价很难调动起业主的积极性，如何推广？

种植屋面由于产权限制、安全方面的担心，推广较为困难，建议以公共建筑为主，如在学校、医院等进行推广，结合政府出台的相关补助、鼓励政策，进行税费减免补

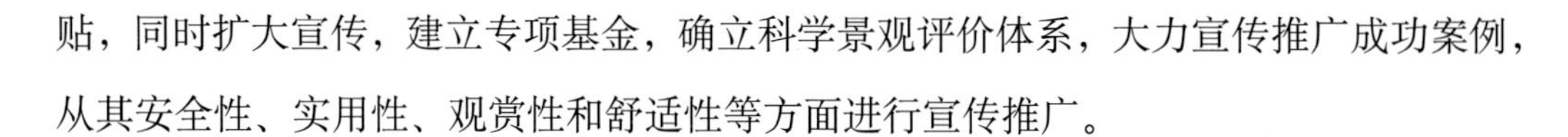

贴，同时扩大宣传，建立专项基金，确立科学景观评价体系，大力宣传推广成功案例，从其安全性、实用性、观赏性和舒适性等方面进行宣传推广。

269 种植屋面常用构造层材料的指导价格是多少？

以目前现有市场调查，种植屋面普通防水材料的指导价格是 40 ～ 60 元 /m^2，耐根穿刺防水材料的指导价格是 90 ～ 150 元 /m^2，凹凸式排（蓄）水板的指导价格是 25 ～ 30 元 /m^2，网状交织、块状塑料排水板的指导价格是 30 ～ 40 元 /m^2，过滤层指导价格是 10 ～ 15 元 /m^2，超轻量人工种植土及常用人工配比种植土的指导价格分别是 500 ～ 600 元 /m^3 和 250 ～ 350 元 /m^3，小型乔木类、花灌木类一般为 150 ～ 300 元 /m^2，宿根地被类植物一般为 180 ～ 260 元 /m^2，佛甲草等景天科植物一般为 90 ～ 180 元 /m^2。

七 试验检测类

一　基础知识类
二　设计类
三　施工类
四　养护管理类
五　工程质量监理与验收类
六　工程造价类
七　试验检测类

270 耐根穿刺试验原理有哪些?

卷材耐根穿刺试验在箱中进行，并在规定条件下将卷材置于根的下方。

1）试验卷材的试样安装在 6 个试验箱中，卷材有 6 条立角缝，2 条底边接缝和 1 条中心 T 形接缝。另外，需要 2 个不安装试验卷材的对照箱，以便在整个试验期间比较试验箱和对照箱中植物的生长情况。

2）试验箱中包含种植土层和密集的植物覆盖层，这样将产生来自根部的高的生长应力，为了保持这种高的生长应力应适度施肥并浇水灌溉。

3）试验和对照箱安放在可控温的温室里。由于环境条件对植物的生长具有影响，因此，生长条件应具有可控性。

4）为了获得可靠结果，2 年试验期是需要的最短时间。

5）试验结束后，将种植土层去除，观察并评价试验卷材是否有根穿刺发生。

271 耐根穿刺试验对试验环境的要求有哪些?

温室必须有温度和通风的调节设备。温室内白天最低温度应达到 16℃，夜晚应达到 14℃。当温室温度达到 22℃时应通风，避免温室温度超过 35℃。如果试验区域的光照条件显著改变，为了保证植物生长良好，要采取相应的光照或遮阴措施。试验箱尺寸为 800mm × 800mm；每个试验箱约需 $2m^2$ 的占地面积。

272 耐根穿刺检测试验对试验箱的尺寸有何要求?

每个试验样品需要 6 个试验箱和 2 个对照箱。

试验箱的内部尺寸至少为 800mm × 800mm × 250mm。如果需要，考虑到安装要求，也可使用比较大的试验箱。试验箱底部应安装透明的底板，以便在试验过程中无需取出种植土层即可观察植物根的穿刺情况。为了预防在潮湿层里生长藻类，箱底应遮光（如薄膜）。为了供给潮湿层水分，箱体下部需安装直径为 35mm 的注水管，注水管顶端需向上倾斜。

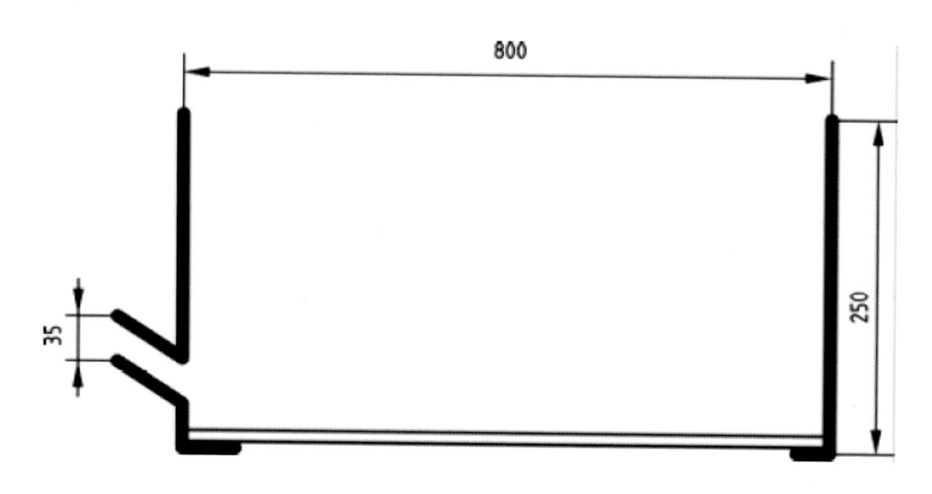

图 7-1 箱体结构（单位：mm）

273 市场上常见的耐根穿刺材料有哪几种？

常见的耐根穿刺材料有沥青类、塑料类、橡胶类等防水卷材，主要包括：弹性体（SBS）改性沥青防水卷材、铜箔胎弹性体改性沥青防水卷材、塑性体（APP）改性沥青防水卷材、聚乙烯胎高聚物改性沥青防水卷材、耐根穿刺复合铝胎基、自粘聚合物改性沥青防水卷材、聚氯乙烯（PVC）防水卷材、热塑性聚烯烃（TPO）防水卷材、三元乙丙橡胶防水卷材、聚乙烯丙纶防水卷材、聚合物水泥胶结料、喷涂聚脲防水涂料等。

274 耐根穿刺试验方法步骤主要是什么？

1）试验箱中的各层应按如下顺序设置（从下到上）：潮湿层、保护层、试验卷材、种植土层。

2）潮湿层应直接安放在透明底部上，厚度均匀，（50±5）mm 为宜。

3）保护层裁剪成适当的尺寸，直接铺设在潮湿层上。

4）试验卷材的铺设。

试验的试样由试验的委托者裁剪成适应试验箱安装的尺寸；搭接和安装由试验的委托者根据生产商的安装说明施工，每个试样应有 4 条立角接缝、2 条底边接缝以及 1 条中心 T 形接缝；卷材试样必须向上延伸到试验箱边缘。只要达到材料接缝形式相同的目的（如热熔焊接和热风焊接的接缝方式被看作是同等的），允许在试验中使用不

同的接缝工艺 (图 7–2)。

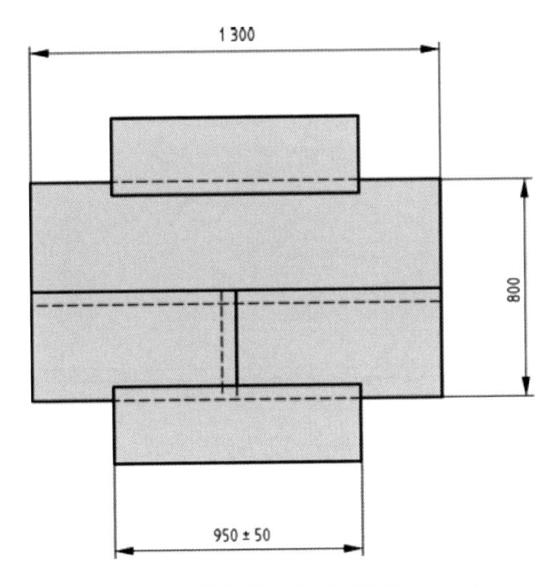

图 7–2 试样接缝示意图（单位：mm）

5）卷材铺设完成后，放入种植土，种植土厚度应均匀，（150 ± 10）mm 为宜。

6）在每个试验箱里种上 4 株试验植物火棘。将试验用植物（4 株火棘）均匀地分植在试验箱整个表面。如果需要使用更大尺寸的试验箱，为了获得同样的种植密度，应增加植物数量，至少 6 株 /m^2（图 7–3）。

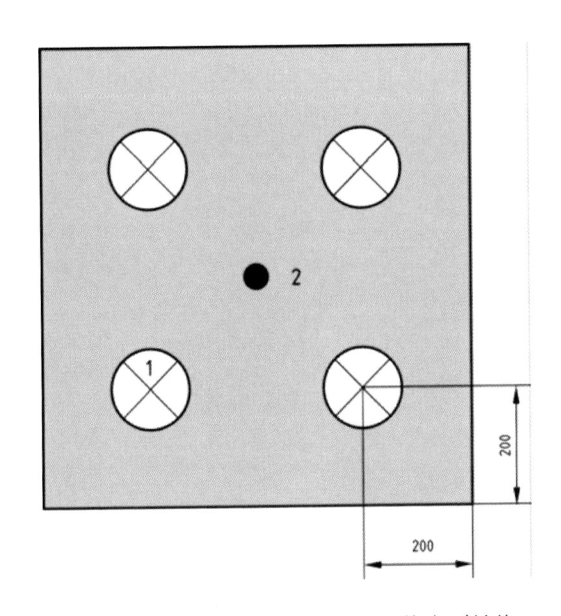

图 7–3 种植土层中试验植物和土壤水分测量位点（单位：mm）

1—试验用植物；2—土壤水分测量点的位置

275 耐根穿刺植物检测试验前对卷材试样有些什么要求？

试验前后都需从卷材上取参比样品。试验样品至少含 1 个接缝并不少于 $1m^2$。参比样品应当存放在黑暗、干燥、温度在（15±10）℃的试样贮存室（如试验用实验室）。

为了能清楚地确认试验卷材，下列信息在试验开始时需注明：

1）产品名称；

2）用途；

3）材料类型；

4）试验卷材的厚度（塑料和橡胶卷材需有效厚度）；

5）产品设计 / 结构；

6）生产日期；

7）在试验室的铺设方法（搭接、迭合、接缝技术、接缝剂处理、接缝封边带、接缝密封类型、特殊的角和拐角的搭接）；

8）加入的阻根剂（延缓根生长的物质）。

由第三方进行试验时，卷材生产商须向试验机构提供施工说明书（附带有效日期）。

276 耐根穿刺试验的材料包括哪些？

耐根穿刺试验的材料包括：

1）试验植物：火棘栽在 2L 的容器中，高度（70±10）cm。挑选植物时，确保长势一致。每个试验箱与对照箱中种 4 株试验植物。

2）试验箱：每个试验箱（800mm×800mm）约需占地 $2m^2$。每个试验试样需要 6 个试验箱和 2 个对照箱。试验箱底部采用透明材料，用于观察植物根系的生长状况。试验箱内由下向上结构依次为：潮湿层、保护层、试验卷材、种植土层和植物。

3）为保证潮湿层的水分，需在箱体下部镶上 Φ35mm 注水管，注水管顶端需向上倾斜。

4）潮湿层由陶粒（颗粒度 8 ～ 16mm）组成，直接铺放在透明的底板上，电导率＜ 15.0ms/m，厚度为（50±5）mm。

5）保护层为规格不小于 $170g/m^2$ 的聚酯无纺布，铺在潮湿层上部、试验卷材下部，并保证此种材料与试验卷材相容。

6）种植土层应是品质稳定的、均匀一致原料的混合物。在同一试验室的这种稳定和均一性应保持一致，具有结构上的稳定性并有适宜的水 / 气比率、薄肥，保证植物根部最佳的生长状态。

277 试验期间植物养护上应注意什么？

试验期间植物养护应注意下类情况：

1）根据植物的需要从上面向种植土层浇水，以调整土层的含水量，应采用土壤水分测量仪测量种植土层的湿度，每周 2 次测量种植土的体积含水量。当体积含水量小于 16%时，应及时浇水，每个试样箱每次浇水量为（15±0.5）L。种植土层应均匀地湿润（尤其要注意边角处），避免其底部持续积水。

2）潮湿层应通过试验箱上的注水管每周 1 次注水保持足够湿润，缓释肥每 6 个月使用 1 次，第一次使用在种植 3 个月后。

3）任何和试验无关的植物都应从试验箱中移除，种植后 3 个月内死掉的保留植物应该替换。为了不干扰保留植物的根系生长，替换只允许在前 3 个月内进行。

4）试验植物不允许修剪，但在试验箱之间的通道里允许修剪侧芽，若出现病虫害，要采取适当的保护植物措施。

5）在试验期间，若超过 25%的植物死亡，则试验无效。

278 试验结束时应注意哪些问题？

试验结束时应注意以下问题：

1）应通知试验的委托者试验结束的日期，以便让其参加。

2）最终检验应包括记录每个试验箱中穿入和穿透卷材植物根的数量。对卷材平面和接缝处的穿刺分别记录。

3）判定前提条件是整个试验期间试验箱中植物的生长量至少达到对照箱植物平均生长量的 80%（高度、干茎直径），且在每个试验箱中都没有任何根穿刺现象发生，判定此卷材为耐根穿刺卷材。

4）试验卷材无论是否被根穿刺破坏，均应照相记录作为证明资料。

5）在卷材上取得的参比样品应进行保存，并对试验植物的生长进行描述。

279 耐根穿刺试验结果不属于卷材被根穿刺如何判定？

耐根穿刺实验中以下情况不属于卷材被根穿刺，但在试验报告中需要提及。

1）在试验开始时，生产商应明确表明这种卷材是否含阻根剂。因为只有当植物根侵入后阻根剂才能发挥作用，所以当卷材含有阻根剂（延缓生根的物质）时，植物根侵入卷材平面或者不大于 5mm 的接缝深度时不属于被根穿刺。

2）当产品是由多层组成的情况下，如带铜带衬里的沥青卷材或者带聚酯无纺衬里的 PVC 卷材，植物根虽侵入平面里，但若起防止根穿刺作用的那层并没有被损害的话，不属于被根穿刺。在试验开始时，起作用的这层就应被明确表明。

3）根侵入接缝封边，但接缝没有损害，不判定为被根穿刺。接缝封边是在焊接过程中挤压出的熔化物或者是用以保护接缝边缘的一种液体材料。

280 种植试验如何评价植物的生长是否正常？

每年记录试验箱和对照箱里试验植物的生长高度和 (20±2) cm 高度处干茎的直径，并比较试验植物的平均生长量。受损的植物要单独记录，如生长变形或树叶变色等。

281 耐根穿刺试验报告包含哪些内容？

试验报告应由具有 CMA（中国计量认证）资质认证的相关检测机构出具，报告至少应包含如下信息：

1）产品的所有信息；

2）安装细节；

3）试验结果；

4）试验卷材评价；

5）其他相关信息；

6）试验日期和地点。

参考文献

[1] 李延明等 . 城市绿化对北京城市热岛效应的缓解作用 [J]. 中国园林，2004（3）.

[2] 谭天鹰，张兰年 . 种植屋面构造设计要点 [J]. 中国花卉园艺，2012（20）.

[3] 韩丽莉，郭德豪，单进 . 我国主要城市种植屋面政策解析和市场分析 [J]. 中国建筑防水，2012（15）.

[4] 柯思征 . 容器种植在花园式种植屋面中的应用 [J]. 中国建筑防水，2014（7）.

[5] 王月宾，单进，韩丽莉 . 国内屋顶绿化施工技术解析 [J]. 中国园林，2015（11）.

[6] 张宝新 . 城市立体绿化 [M]. 北京：中国林业出版社，2004.

[7] 朱志远，王月宾，王茂良 . 耐根穿刺防水材料存在的问题及技术对策 [J]. 深圳土木与建筑，2013（2）.

[8] 付军 . 城市立体绿化技术 [M]. 北京：化学工业出版社，2011.

[9] 张道真 .种植屋面的基本构造设计 [J]. 施工技术，2004（1）.

[10] 朱志远，余菊萍，刘思，邢钺 . 国内耐根穿刺防水材料存在问题及其解决办法刍议 [J]. 中国建筑防水，2013（7）.

天津市禹神建筑防水材料有限公司

公司简介

COMPANY CONTRODUCTION

天津市禹神建筑防水材料有限公司成立于1997年，注册资金8800万元，主要专注于建筑防水材料的研发、生产、销售、施工和服务。公司以自粘沥青类、高分子类（FS2/TPO/PVC）、高聚物改性沥青（SBS/APP）、耐根穿刺/耐盐碱改性沥青、RAW高分子反应粘交叉膜、预铺/湿铺等防水卷材，聚氨酯、聚合物水泥、丙烯酸酯、水泥基渗透结晶型、非固化橡胶沥青、喷涂速凝橡胶沥青等防水涂料，无机堵漏材料等为主导产品，形成了针对市政、水利、工业和民用建筑等不同领域产品系列和具体解决方案，是目前天津市具有影响力的防水材料生产制造及防水工程施工企业。

历经多年来的不懈努力和拼搏，禹神公司业已成为天津市建筑防水行业内的一支生力军，面对竞争激烈的市场环境，禹神公司将以专业的队伍、严谨的管理、完善的设备、可靠的质量和优异的服务鼎力打造禹神建筑防水材料名优品牌，进一步扩大品牌影响力，为天津市的城市建设、宜家宜居建设、推行绿色环保建筑节能产品作出新的贡献。

天津市名牌产品证书

天津市禹神建筑防水材料有限公司

经天津市人民政府批准，授予你单位生产的 禹神 牌 建筑防水卷材 “天津市名牌产品”称号。

（有效期2014年至2017年）

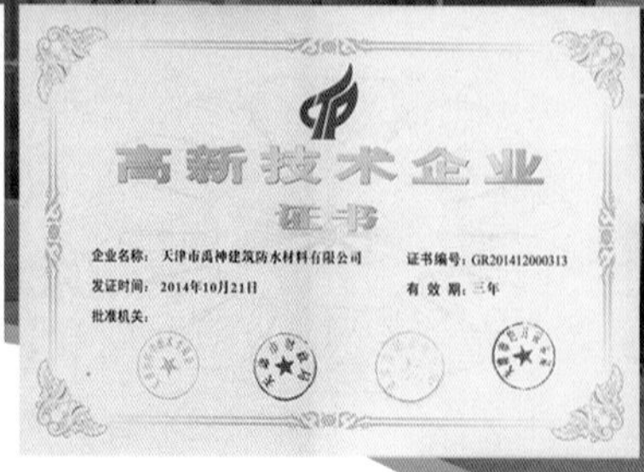
高新技术企业

证书

企业名称：天津市禹神建筑防水材料有限公司　证书编号：GR201412000313

发证时间：2014年10月21日　有效期：三年

批准机关：

电话：022—26822188

网址：http://www.tjyushen.com

公司地址：天津市北辰区双口镇津永公路北侧（立新园林场内）

图书在版编目(CIP)数据

种植屋面疑难问题解答 / 韩丽莉，王月宾编著. --
北京 ：中国建材工业出版社，2018.6
ISBN 978-7-5160-2183-5

Ⅰ. ①种… Ⅱ. ①韩… ②王… Ⅲ. ①屋顶－绿化－
建筑设计－问题解答 Ⅳ. ①TU985.12-44

中国版本图书馆CIP数据核字(2018)第049291号

内容简介

本书包含了种植屋面七个部分的内容，分别为基础知识类、设计类、施工类、养护管理类、工程质量监理与验收类、工程造价类、试验检测类。本书以图文结合方式全面解答了种植屋面的疑难问题，针对性和实用性强，具有较高的参考价值。

本书可供种植屋面工程建设、设计、施工、监理、生产和科研等单位作为学习参考资料或培训用书。

种植屋面疑难问题解答

韩丽莉　王月宾　编著

出版发行：中国建材工业出版社
地　　址：北京市海淀区三里河路1号
邮　　编：100044
经　　销：全国各地新华书店
印　　刷：北京天恒嘉业印刷有限公司
开　　本：787mm × 1092mm　1/16
印　　张：12.25
字　　数：210千字
版　　次：2018年6月第1版
印　　次：2018年6月第1次
定　　价：128.00元

本社网址：www.jccbs.com　微信公众号：zgjcgycbs
本书如出现印装质量问题，由我社市场营销部负责调换。联系电话：（010）88386906

绿色建筑屋面系统疑难问题解答丛书

Questions and Answers of Green Roof

种植屋面疑难问题解答

韩丽莉　王月宾　编著

中国建材工业出版社